电子信息类专业实验与设计系列教材

电工与 SMT 电子工艺实训

主　编　曹海泉　李　威

副主编　刘平秀　胡少六　位　磊

主　审　容太平

华中科技大学出版社

中国·武汉

图书在版编目(CIP)数据

电工与 SMT 电子工艺实训/曹海泉,李威主编.—武汉:华中科技大学出版社,2010.8
ISBN 978-7-5609-6252-8

Ⅰ.①电…　Ⅱ.①曹…　②李…　Ⅲ.①电工技术-高等学校-教材　②印刷电路-工艺-高等学校-教材　Ⅳ.①TM　②TN41

中国版本图书馆 CIP 数据核字(2010)第 095787 号

电工与 SMT 电子工艺实训　　　　　　　　　　曹海泉　李威　主编

策划编辑:谢燕群
责任编辑:江　津
封面设计:潘　群
责任校对:史燕丽
责任监印:朱　玢
出版发行:华中科技大学出版社(中国·武汉)
　　　　　武昌喻家山　　邮编:430074　　电话:(027)81321915
录　　排:武汉市洪山区佳年华文印部
印　　刷:虎彩印艺股份有限公司
开　　本:710mm×1000mm　1/16
印　　张:7.5
字　　数:154 千字
版　　次:2015 年 8 月第 1 版第 4 次印刷
定　　价:14.80 元

内 容 提 要

　　本书是作者从高等院校加强实习、实训等实践教学环节的实际需求出发,结合多年在电工与SMT电子工艺实践教学方面的经验和体会,以及与同类高校深入交流的成果,为满足高等教育理工类培养应用型本科专业人才的要求而编写的。

　　全书介绍电工与SMT电子工艺实践的主要环节,从焊接技术、印制电路设计、元器件测试及安装、电子产品的组装和调试,以及表面贴装技术等方面,对电子工艺的流程进行讲解。表面贴装技术是一种直接将元器件平卧在印制电路板上进行焊接安装的新技术,是当今电子组装的主流技术。采用表面贴装技术,能使电子产品轻薄短小、降低成本、提高可靠性。另外,对计算机辅助设计软件Protel 99 SE也作了简单介绍,让学生在掌握基础的电子工艺技术的同时,也了解最新的和先进的电子工艺知识。

　　本书可作为高等院校弱电类专业本科、专科学生的电工与SMT电子工艺实践教学的指导书,还可作为从事电工与SMT电子工艺制作的科技人员的参考书。

前　　言

　　随着电子信息产业的迅速发展,电子信息行业的知识、技术和工艺正在不断地更新。为了适应"电路理论"和"电子技术"等电子信息基础课程的教学需要,我们在总结多年电工与 SMT 电子工艺实践教学经验的基础上,吸收了同类院校的研究成果和新的电子工艺技术,旨在满足高等教育理工类本科专业人才培养目标的实践性教学环节要求。学生通过电工与 SMT 电子工艺实训,可了解和掌握从基础到现代的电工与 SMT 电子工艺技能,能在实践中不断地去体验、总结和提高。

　　本书介绍了电工与 SMT 电子工艺实践的主要环节,从焊接技术、印制电路设计、元器件测试及安装、电子产品的组装和调试,以及最新的电子工艺表面贴装技术生产流程。另外,对计算机辅助设计软件 Protel 99 SE 也作了适当的介绍。全书共分八章,第 1 章手工锡焊技术,第 2 章印制电路设计,第 3 章常用电子元器件的识别与测试,第 4 章 Protel 99 SE 计算机辅助设计,第 5 章 SMT 概论,第 6 章表面贴装的刷锡技术,第 7 章表面贴装的贴装技术与焊接技术,第 8 章 SMT 实训:迷你型 FM 收音机的组装。前四章为电工实习基础篇,后四章为表面贴装工艺篇。前四章主要由李威执笔,刘平秀、胡少六参编;后四章主要由曹海泉执笔,位磊参编;全书由华中科技大学容太平教授主审。

　　本书在章节和内容的安排上有如下特点。首先,理论指导实践。内容先介绍相关的背景和理论知识,通过理论的学习来指导实践内容的完成。其次,实用性强。无论是基础篇中的焊接、电路设计和安装调试部分,还是后面表面贴装工艺篇中的表面贴装的刷锡技术、贴装技术、焊接技术、SMT 实训:迷你型 FM 收音机的组装部分,只要通过学习,就可以看到学习的成果并可将学到的知识应用到实际生活中。再次,知识体系完整。对于电子产品从无到有、从简单到复杂的整个工艺过程都作了比较详细的阐述,既有基础的焊接技术,又有贴装生产技术;既有基本的手工绘图,又有计算机辅助版图设计。

　　现代电子表面贴装工艺,是一种直接将元器件平卧在印制电路板上进行焊接安装的新技术。该技术是目前电子设备生产的主流工艺技术。电子信息类专业的学生可在校内表面贴装生产线上进行实际电子产品的生产,如调频收音机的生产、U 盘的生产、汽车电子产品的生产以及消费电子产品的生产。学生掌握了这项工艺技术无疑可极大地提高电子设备的生产知识和实际能力,增强就业竞争力。

　　本实训教程计划教学时间 2 周,记 2 个学分。电工实习主要训练手工锡焊,处理一般分立元器件和小规模集成电路,以及普通电路板的设计;而表面贴装技术是处理大规模集成电路板的现代电子工艺技术,有助于学生了解"掌上电子产品"的生产过程,提高电子信息类专业学生在生产一线的工作能力,为学生今后的就业打下良好的基础。在时间的安排上可按 1∶1 的比例(1 周 40 学时),也可根据自己的实际情况有选择地进行调整。

　　本书可作为计算机科学与技术、软件工程、通信工程、电子信息工程、光电信息工程、自动化、电子科学与技术、生物工程、应用电子、电气工程、环境工程、现代制造等工科类专业的电工与 SMT 电子工艺实训教材。

　　编者在教学工作和本书的编写工作中,得到了华中科技大学文华学院及严国萍副院长的大力支持和帮助,并参考了许多相关资料,借鉴了众多学者的研究成果,文献中未能一一列出,在此一并表示诚挚的感谢!

　　由于编者水平有限,书中难免存在缺点和错误,敬请广大读者给予批评和斧正,我们不胜感激!本书主编邮箱为 1213166348@qq.com。

编　者

2010 年 4 月

目　　录

第1章 手工锡焊技术

在电子产品的生产过程中,锡焊是十分重要的技术。无论是简单的元器件还是复杂的集成电路板,都需要通过电路连接来实现电子产品的功能。在各种电路连接方式中,焊接,特别是锡焊是应用最广泛的一种技术,它能使电路中的各个连接部位既有良好的导电性能,又有较强的机械强度。可以说,锡焊技术直接关系到电子产品的质量和使用寿命。

1.1 锡焊的机理

锡焊的基本原理是通过高温加热,使焊料在焊件上浸润、扩散,形成不可剥离的导电合金层,从而把焊件牢固地焊接在一起。其间包含以下三个主要过程。

1. 焊料对焊件的浸润

熔融焊料在金属表面形成均匀、平滑、连续并附着牢固的焊料层叫做浸润,也叫润湿。浸润程度主要取决于焊件表面的清洁程度及焊料表面的张力。在焊料的表面张力小、焊件表面无油污,并涂有助焊剂的条件下,焊料的浸润性能较好。从图1.1.1可以看到水与玻璃试管、水银与玻璃试管之间的浸润现象。焊料与焊件的浸润程度可以通过浸润后焊料与焊件表面夹角的大小来判断。

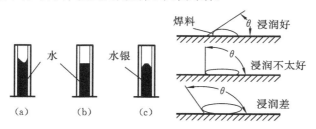

图 1.1.1 浸润现象及浸润程度

2. 扩散

高温加热被焊件和熔融焊料,两者的原子或分子在高温下相互运动渗透,形成表面合金层的过程叫做扩散。

3. 结合层

焊料和焊件金属彼此扩散,会在两者交界面形成多种组织的结合层。形成结合层是锡焊的关键,如果没有形成结合层,仅仅是焊料堆积在母材上,则为虚焊。结合层的厚度因焊接温度、时间不同而异,一般在 $3\sim10\ \mu m$ 之间。

1.2　锡焊工艺的种类

　　随着焊接工艺的发展,焊接工艺的种类也越来越丰富。本书重点讲解的是手工焊接技术。手工焊接是电子技术工程人员应具备的最基本的专业技能,也是我们学习这门课程应该熟练掌握的技能之一。与手工焊接技术相对应的是自动焊接技术,现今最常用的自动焊接技术包括波峰焊、浸焊、回流焊、脉冲加热焊等。

　　(1) 波峰焊是一种自动焊接工艺,其整个生产流程都在自动生产线上进行,适用于批量生产。波峰焊的主要焊接过程是元件插装、喷涂助焊剂、预热、波峰焊接、冷却、切头清除和自动卸板。在生产过程中,必须对每道工序进行严格规范,否则其质量难以得到保证。图 1.2.1 所示为一款波峰焊机。

图 1.2.1　波峰焊机

　　(2) 浸焊是把装配好元器件的印制电路板浸入到盛有焊锡的槽内进行焊接的技术。浸焊适用于小批量的工业生产,其操作方便,但产品质量不易保证。

　　(3) 回流焊又叫再流焊,是伴随着微电子产品的出现而发展起来的一种新技术。它是把焊锡加工成一种拌有黏合剂的糊状物,粘接到插在印制电路板上的待焊元件引线上,然后加热印制电路板使糊状物溶化而再次流动,从而使元件焊接到印制电路板上。回流焊的效率高、质量好,一致性也优良。

　　(4) 脉冲加热焊是通过脉冲电流对焊点进行加热来焊接的一种方式。这种焊接适用于小型集成电路的焊接。

　　此外,还有超声波焊、热超声重丝球焊等,这些工艺均有各自的特点。

1.3　手工锡焊的工具

　　手工锡焊的工具主要有电烙铁、斜嘴钳、镊子、螺丝刀和剥线钳等。在手工焊接过程中,电烙铁是最常用也是最重要的手工锡焊工具。其优点在于操作灵活、便于携带、价格低廉。但相比其他先进的焊接设备,电烙铁的效率很低、焊接质量与操作者的状态、水平等有很大关系,不适用于大规模的电子产品生产。

1. 电烙铁的分类

电烙铁按功率大小可分为 20 W、30 W、75 W、100 W、300 W 等多种,电烙铁的功率(W)与其内部电阻的关系如表 1.3.1 所示。按照发热方式不同可分为电阻式和电感式两类。按结构不同可分为内热式、外热式和调温等三种。内热式与外热式的主要区别在于发热元件(即烙铁芯)在传热体的内部或外部。内热式发热效率高于外热式,但内热式的烙铁头不便于更换,见图 1.3.1。

表 1.3.1　电烙铁功率与其内部电阻的关系

功率/W	电阻/kΩ
20	2.4
30	1.6
75	大于 0.6
100	约为 0.5

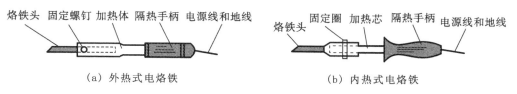

（a）外热式电烙铁　　　　　　　　　（b）内热式电烙铁

图 1.3.1　外热式和内热式电烙铁的结构

2. 电烙铁的组成

(1)烙铁头。电烙铁的传热体,用紫铜制成,能起热能的储存和传递作用。烙铁头在使用中容易因高温而被氧化和腐蚀,使表面变得凸凹不平,甚至被折断,因此常需要打磨镀锡或者更换。新换的烙铁头必须浸锡,如果不浸锡而直接使用,就会被"烧死"而变得不粘锡。浸锡的方法是在木板上放少许松香、焊锡,电烙铁通电后,将发热的烙铁头在松香焊锡上来回挪动,直到烙铁头的前端部分均匀地镀上一层锡。因使用的场合不同,所选用的电烙铁类型、烙铁头的类型也不同。图 1.3.2 所示是几种常用的烙铁头。

(2)烙铁芯(电烙铁的发热部分)。它是将镍铬发热电阻丝缠在云母、陶瓷等耐

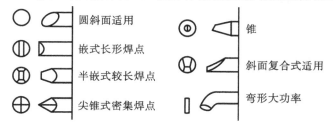

图 1.3.2　几种常用的烙铁头

热、绝缘材料上构成的。通电以后由烙铁芯产生热量传递给烙铁头。

（3）手柄。它是由木头或胶木等绝缘隔热材料制成。

（4）接线柱。它在发热元件同电源线的连接处。

在其余的工具中，斜嘴钳用于剪导线和焊后过长的元器件引线，也可修整某些塑料片的形状以便安装。镊子用于夹持导线和元器件引线，便于装配焊接，在拆焊过程中可以起到散热的作用。螺丝刀有平口和十字两种用于固定螺丝钉或调节某些可调元器件。剥线钳用于去除导线的绝缘层，有很多大小不同的刃口，在去除绝缘层的时候，要根据导线的粗细使用相应的刃口。

1.4　锡焊的材料

1．锡焊材料

锡焊材料为锡（Sn）、铅（Pb）的合金。锡、铅合金为共晶合金，其熔点为 183 ℃。对于单独的锡，其熔点为 232 ℃，单独的铅其熔点为 327 ℃。烙铁头的温度一般在 200 ℃以下，完成一个焊点的时间一般控制在 3～5 s。

按照锡铅比例为 61.9/38.1 制成的焊锡材料性能是最好的，它具有以下优点。

（1）熔点低。熔点低则加热温度低，可防止元器件损坏。

（2）熔点和凝固点一致，可使焊点快速凝固，增加焊料强度。

（3）流动性好，表面张力小，有利于提高焊点质量。

（4）强度高，导电性好。

常用焊料的形状有丝状、圆片状、带状、球状、膏状等。其中焊锡丝在手工焊接中使用最为广泛，焊锡丝为管状结构，中间夹有固体松香助焊剂。焊锡丝的直径种类很多，一般从 0.5 mm 到 4 mm 不等。另一种较为常用的焊料是焊膏，焊膏由焊料合金与助焊剂制成糊状而成，适用于回流焊和贴装元器件的焊接。

2．助焊剂

在锡焊工艺中，松香是良好的助焊剂，其特点是：在常温下几乎没有任何化学活力，呈中性，而当加热到熔化时表现为酸性，可与金属氧化膜发生化学反应，变成化合物而悬浮在液态焊锡表面，这就起到了保护焊锡表面不被氧化的作用。另外，松香无腐蚀，绝缘性强。

同时，松香焊剂还可以增加焊料的流动性，减少其表面张力。在焊接的过程中，焊料熔化后能否迅速地流动并附着在焊件表面直接影响着最终焊点的质量。

3．阻焊剂

焊接时，焊料只需要熔化并附着在相应的焊件上，这就意味着印制电路板上除需要焊接的部分以外，其他部分不允许有焊料附着，用一种耐高温的阻焊涂层，使焊料只能在焊点部分进行焊接,这种阻焊涂层就是阻焊剂。印制电路板上常见的绿漆即为一种阻焊剂。

1.5　锡焊的条件及焊前准备

1. 锡焊的条件

只有当焊件、焊料及焊接的工具选用合适,并满足一定条件,才能更好地保证焊接出的焊点达到一定的指标。因此,在焊接前,必须做到以下几点。

(1) 焊件必须具有充分的可焊性。只有能被焊锡浸润的金属才具有可焊性,并非所有的金属材料都具有良好的锡焊可焊性。例如,铬、钼、钨、铝等金属的可焊性就非常差;黄铜、紫铜等金属容易焊接,但表面容易产生氧化膜,为了提高可焊性,一般必须采用表面镀锡、镀银等措施。

(2) 焊件表面必须保持清洁。为了使焊锡和焊件达到原子间相互作用的距离,焊件表面任何污物杂质都应清除。

(3) 使用合适的焊剂。焊剂的作用是清除焊件表面氧化膜并减小焊料熔化后的表面张力,以利浸润。不同的焊件、不同的焊接工艺应选择不同的焊剂,如不锈钢、铝等材料,不使用特殊的焊剂是无法焊接的。

(4) 使用适当的加热温度并均匀加热。焊接时,不但要将焊锡加热熔化,而且要将焊件加热到熔化焊锡的温度。只有在足够高的温度下,焊料才能充分浸润焊件,并充分扩散形成合金结合层。

2. 焊前的准备工作

要想使整个焊接满足以上几个条件,需要做一些焊前的准备工作(预制)。

1) 除去焊件表面的锈迹、油污、灰尘、氧化层

元器件引线一般都镀有一层很薄的钎料,但时间一长,引线表面会产生一层氧化层,影响焊接。所以除少量表面镀锡、镀银、镀金的引线外,大部分元器件都应预制。用砂纸或锐器去除焊件表面的杂物和氧化层。

2) 镀锡

镀锡主要是为了使焊件具备充分的可焊性。对于导线或者某些没有经过预处理的元器件引线,需要事先镀上一层锡,这层锡镀在焊件的表面后会形成一种比原材料更加容易焊接的结合层,使焊接更加可靠。镀锡时要注意以下两点。

(1) 加热温度要合适,加热时间应得当。温度过低,焊锡融化不了,加热温度过高,时间长,会烧坏元器件或使得焊点发灰,所以焊接时的时间和温度都必须恰到好处。

(2) 应使用有效的焊剂(松香)。松香经反复加热后会失效,发黑的松香实际不起作用,反而容易夹杂到焊点中造成焊接缺陷。

1.6　手工锡焊技术

1. 电烙铁的拿法

电烙铁的拿法如图 1.6.1 所示。

（1）反握法：动作稳定，不易疲劳，适于大功率焊接。

（2）正握法：适于中等功率电烙铁的操作。

（3）握笔法：一般多采用握笔法，适用于轻巧型的电烙铁，如 30 W 的内热式。其烙铁头是直的，头端锉成一个斜面或圆锥状，适于焊接面积较小的焊盘。

　　（a）反握法　　　　　　（b）正握法　　　　　　（c）握笔法

图 1.6.1　电烙铁的拿法

2. 焊锡的拿法

连续焊锡和断续锡焊时的拿法如图 1.6.2(a)、(b)所示。

　（a）连续锡焊时焊锡丝的拿法　　　（b）断续锡焊时焊锡丝的拿法

图 1.6.2　焊锡丝的拿法

3. 焊接操作五步法

（1）左手拿焊条，右手握烙铁，处于随时可施焊状态。

（2）加热焊件。应注意加热焊件全体，烙铁头应靠在被焊元器件的引线上，电烙铁与印制电路板的夹角应大于 30°，小于 45°。

（3）送入焊条。当焊件达到一定温度后，应立即送入焊条，焊条既要和焊盘接触，又要与元器件引线接触，还要和烙铁头接触，只有这样焊接速度才快。

（4）移开焊条。当焊盘快要被熔化的焊锡盖满时，立即移开焊条。

（5）移开电烙铁。焊锡浸润焊盘或焊件的施焊部位后移开电烙铁。

从第（3）步开始到第（5）步结束，时间应控制在 2 s 左右。整个五步过程如图 1.6.3所示。

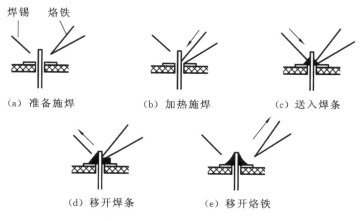

（a）准备施焊　　　　（b）加热施焊　　　　（c）送入焊条

（d）移开焊条　　　　（e）移开烙铁

图 1.6.3　锡焊五步操作方法

4. 采用正确的加热方法

加热时应采用正确的加热方法（见图 1.6.4），让焊件上需要锡浸润的各部分均匀受热，如图 1.6.4(a)、(b)、(c) 中的电烙铁均没有加热焊件的全体，不能使所有焊件均匀受热，故不正确。而图 1.6.4(e)、(f)、(g) 才是正确的操作方法。

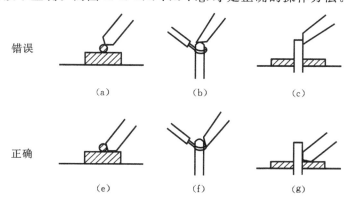

图 1.6.4　采用正确的加热方法

5. 撤离电烙铁的方法

撤离电烙铁应及时，而且撤离时的角度和方向对焊点形成也有一定影响。对于初学者而言，无论焊锡还是电烙铁，撤离时应垂直向上撤离，这样可使焊点光滑，不长毛刺。电烙铁撤离方向和焊锡量的关系如图 1.6.5 所示。

6. 焊点的质量要求

电子元器件在印制电路板上是靠焊点来固定的，因此一个焊点应达到以下几点要求。

（1）可靠的机械强度。应保证电路接触良好，并具有一定的机械强度，焊点则应

（a）烙铁轴向45°撤离　（b）向上撤离　（c）水平方向撤离　（d）垂直向下撤离　（e）垂直向上撤离

图 1.6.5　电烙铁撤离方向和焊锡量的关系

有足够的接触面积，所以焊盘必须盖满焊锡。

（2）可靠的电气连接。一个焊点除了机械强度高以外，还要保持良好的电气连接，保证焊点随着时间的推移和周围环境的变化，其电气连接应始终如一。这是提高产品质量和寿命的关键。

7. 合格焊点的外观

焊点的外观必须保证以下四点，如图 1.6.6 所示。

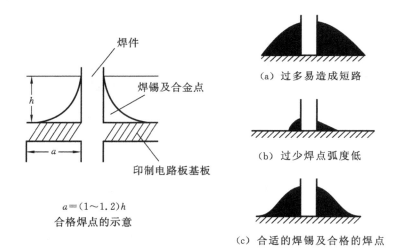

$a=(1\sim1.2)h$
合格焊点的示意

（a）过多易造成短路

（b）过少焊点弧度低

（c）合适的焊锡及合格的焊点

图 1.6.6　合格的焊点与焊锡量的掌握

（1）焊点形状近似圆锥体，其锥体表面应成直线，切不可成气泡状曲线。焊锡料与焊件交界处接触角应尽可能小且平滑。

（2）表面光泽且平滑。

（3）焊点匀称，呈拉开裙状。

（4）无裂纹、针孔、夹渣。

8. 常见焊点缺陷分析

常见的焊点缺陷有以下几种，见表 1.6.1 所示。

表 1.6.1　常见焊点缺陷分析

序号	缺陷类型	缺 陷 分 析	缺 陷 图 示
1	焊料过多	从外观看,焊料过多的焊料面呈蒙古包形。这种焊点既容易造成短路,又浪费焊料,造成此种缺陷的主要原因是焊丝撤离过迟	焊料过多
2	焊料过少	其特点是焊料未形成平滑面,其危害是机械强度不够且容易造成假焊,产生的主要原因是焊丝撤离过早	焊料过少
3	桥接	相邻导线连接的情况非常容易造成电气短路。这主要是焊锡过多或电烙铁撤离方向不当所引起的	桥接
4	不对称	焊锡没流满焊盘会导致不对称,最大的害处是机械强度不足,产生的原因是焊料流动性不好;助焊剂不足或质量差;加热不足	不对称
5	拉尖	出现尖端,外观不佳,容易造成桥接现象。其原因是助焊剂过少,加热时间过长,电烙铁撤离角度不对	拉尖
6	表面粗糙	表面粗糙为过热所致,焊点表面发白,无金属光泽,表面粗糙焊盘容易剥落且强度降低。其原因是电烙铁功率过大或加热时间过长	表面粗糙
7	冷焊	表面呈豆腐渣状颗粒,有时伴有裂纹。这种焊点强度低、导电性不好,产生冷焊点的原因是在焊料未凝固前,焊件抖动或电烙铁功率偏小	冷焊

续表

序号	缺陷类型	缺陷分析	缺陷图示
8	浸润不良	焊料与焊件交界面接触角过大,不平滑,使焊盘温度低,造成电路不通或时通时断。避免的办法是将焊件去净氧化层并清洗干净;助焊剂的质量要好,且助焊剂要充足;焊件要充分加热	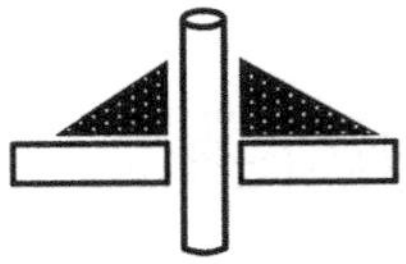 浸润不良
9	松动	完成焊接后,导线或元器件引线可挪动,这种现象会造成假焊,在通电时电路导通不良或不导通。产生的原因是焊锡未凝固前引线移动造成空隙,焊件引线未处理好(浸润差或不浸润)	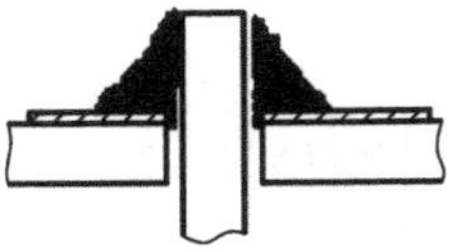 松动
10	松香焊	焊缝中夹有松香渣的情况容易引起焊接强度不足,导通不良,有可能时通时断,其原因是助焊剂过多或已失效;焊接时间不足,加热不够	 松香焊
11	浮焊	焊点剥落,浮在焊盘上(不是铜箔剥落,是焊锡与焊盘没有焊接上)。浮焊现象产生剥离,最容易引起断路,其原因是焊盘镀层不牢	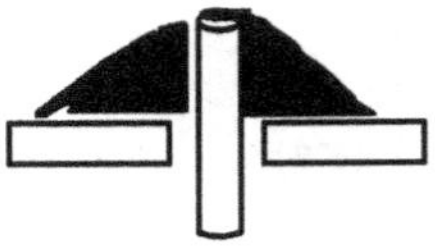 浮焊
12	气泡	引线根部有喷火式焊料隆起,内部藏有空洞。这种现象暂时可导通,但时间久了容易引起导通不良	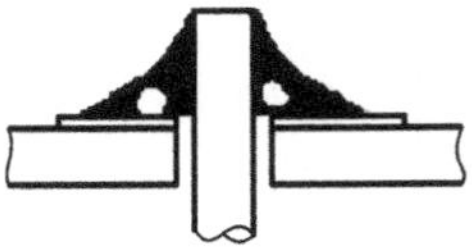 气泡
13	针孔	目测或低倍放大镜可见有针孔。这样的焊点强度不足,焊点容易腐蚀,主要是焊盘孔与引线间隙太大或是焊料不足所致	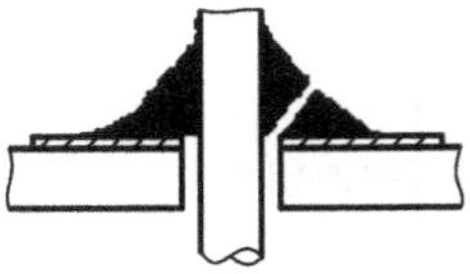 针孔

1.7　拆　焊　技　术

在锡焊过程中,有时会出现错焊或需要更换元器件的情况,这时必须采用拆焊技术。拆焊时既不能损坏印制电路板,又不能损坏元器件。因此,掌握好拆焊技术十分必要。

　　拆焊分立元件,如电阻、电容、晶体管等时,应一手用电烙铁加热待拆元器件的引脚焊点,一手用镊子夹住元器件轻轻拉出,如图 1.7.1 所示。

　　重新焊接时,应先将镊子尖放置在焊孔的内径上,待电烙铁加热熔化焊锡时,用镊子尖扎通焊孔,然后重新焊接。

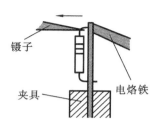

图 1.7.1　拆焊分立元件

　　拆焊集成片时可采用吸锡烙铁或吸锡器将已焊接的焊锡吸取,既可拆下待换的元器件,又可使焊孔不被堵塞。拆焊时,要事先放适量的松香,掌握加热时间,不能强行拉扯元器件,以免焊盘脱落。如果焊接引线是钩焊,则要先熔焊锡,用镊子拉直引线后,再慢慢拉出引脚。

1.8　元器件的安装与焊接

1. 元器件引线的成形

　　元器件在安装前,必须将其引线成形后方可插装在印制电路板上指定的位置。引线的成形都有规定成形的尺寸。一般来讲,元器件引线成形应离元器件根部 1.5 mm 以上,因元器件根部受力容易折断,所以不能从根部弯曲。弯曲时不要成死角,圆弧半径应大于引线直径 1～2 倍,防止引脚断裂。

　　元器件引线成形时应将元器件有字符标记的面向上置于容易观察到的位置,如图 1.8.1 所示。

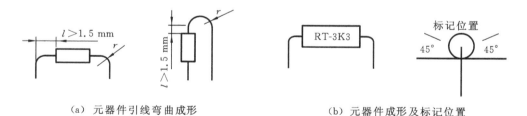

（a）元器件引线弯曲成形　　　　　　　　　（b）元器件成形及标记位置

图 1.8.1　元器件引线弯曲成形与元器件成形及标记位置

2. 元器件的插装

　　元器件的插装主要有贴板插装和悬空插装两种,如图 1.8.2 所示。

　　贴板插装稳定性好,插装整齐,简单方便,但不利于元器件散热。

　　悬空插装有利散热,但插装时需要控制一定高度,难以保持美观一致。悬空高度一般取 2～6 mm。到底采用哪种插装方式,应根据实际需要确定。一般而言,只要不是特殊要求,位置允许,采用贴板插装较为方便。

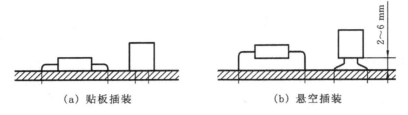

(a) 贴板插装　　　　　　　　　(b) 悬空插装

图 1.8.2　元器件插装形式

3. 元器件在印制电路板上的焊接

元器件在印制电路板上的焊接如图 1.8.3 所示。一般来讲,元器件引线的焊接应选用 20～35 W 的电烙铁,其烙铁头选用尖锥型,这种烙铁头适于焊密集焊点。加热时,烙铁头应同时接触印制电路板上的铜箔和元器件引线及焊锡丝,对较大的焊盘即直径大于 5 mm 的焊盘,焊接时可移动电烙铁(即电烙铁绕焊盘转动以免长时间停留导致局部过热)。耐热性差的元器件应使用工具辅助散热。

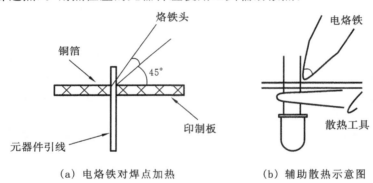

(a) 电烙铁对焊点加热　　　　　(b) 辅助散热示意图

图 1.8.3　元器件在印制电路板上的焊接

4. 焊后处理

焊后处理主要包括以下两点。

(1) 剪去元器件上的多余引线,避免多余引线倒折造成短路。注意防止多余的引线扎手,不要对焊点施压剪切力以外的其他力。

(2) 检查印制电路板上所有元器件引线的焊点,修补焊点缺陷。

5. 导线焊接

在电子产品生产工艺中,必须重视导线的焊接。导线的种类繁多,有单股导线(或称硬导线),漆包线就属于这类导线;多股导线,绝缘层内有多根导线,也称多股线或软线;排线,也称扁平线,这类线在计算机中用得非常多。常见的导线如图 1.8.4 所示。

(1) 导线焊前处理。无论什么样的导线施焊前都必须剥去末端绝缘层,剥去绝缘层的多少根据焊接的长短而定,一般的连线剥去 2～3 mm,多股线的绝缘层剥去

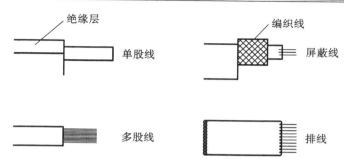

图 1.8.4　常用的导线

后,还必须把裸露的线紧密绞合。剥去绝缘层后,一定要先镀锡,再焊接,否则焊接不牢,容易出现焊接故障。

（2）导线焊接主要有绕焊连接、钩焊连接和搭焊连接等几种。

绕焊连接在焊接前先把镀好锡的导线端头在需连接的物体端头绕一圈,用钳子拉紧缠牢,两被焊物体的表面要贴紧,然后进行施焊。钩焊连接将镀好锡的导线端头弯成钩状,钩在被焊物体的合适位置并用钳子夹紧后施焊。搭焊连接在搭焊导线时,需预先将搭焊导线的两端进行焊前处理并镀上锡,然后将镀好锡的导线搭在被焊物体上,即右手拿电烙铁施于被放导线的物体上,左手将预制好的导线合理地搭在合适的位置,等到导线和被焊物体上的焊锡均熔化后,方可撤离电烙铁,拿导线的左手不要抖动,等到焊锡凝固后才松开。导线与片状端子的焊接如图 1.8.5 所示。

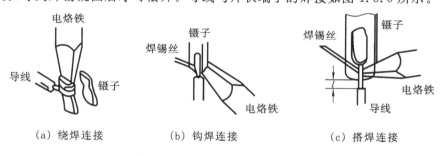

（a）绕焊连接　　　　　（b）钩焊连接　　　　　（c）搭焊连接

图 1.8.5　导线与片状端子的焊接

【思考与习题】

1. 试论述锡焊的机理。
2. 使用电烙铁的技巧有哪些?
3. 试述焊接操作的五步法。
4. 合格焊点的标准有哪些?
5. 导线焊接时必须注意什么?

第2章 印制电路设计

印制电路板在电子产品中是实现整机功能的主要部件之一，印制电路板的设计是整机工艺设计中的重要环节。其设计质量关系到元器件在焊接装配调试中是否方便，直接影响到整机的技术性能。因此，遵循一定的原则设计制作出最佳的印制电路板是至关重要的。

2.1 相关概念

1. 印制电路、印制电路板

在绝缘基材的敷铜板上，按预定设计，用印制的方法制成印制线路、印制元器件符号，使之组合而成的电路，称为印制电路。完成印制电路或印制线路工艺加工的成品板，称为印制电路板或印制线路板，简称印制板。

2. 印制电路板组件

安装了元器件和其他相关部件的印制电路板，如计算机主板、显卡等。

3. 金属化孔

经过导电金属处理后的孔称金属化孔，它用于双层板和多层板中。

4. 敷铜层压板的厚度及铜箔厚度

敷铜层压板的厚度共有 12 种(如 0.2、0.7、1.5、6.4 mm 等)，用得较多的是 1.5 mm。铜箔厚度为 $0.35\sim0.5\ \mu m$，一般由供需方协商而定。

5. 印制电路板的形状

印制电路板的形状由产品外形确定，一般为长方形。其长宽比的尺寸以 3∶2 或 4∶3 为佳，比例不宜过大。

6. 印制电路板对外连接方式

印制电路板对外连接的方式主要有以下几种。

(1)导线连接。其成本低，可靠性高，但维修不便。

(2)接插件连接。其插接方便，但可靠性较差。

(3)扁平线连接。即用绝缘材料做成的扁平线连接。

(4)针式连接是最好的连接方式。其可靠性高，成本适中，维修方便。

7. 印制电路板的作用

印制电路板的作用主要有以下几种。

（1）支撑各种元器件。

（2）实现各元器件之间的电气连接。

（3）提供识别符号和图形。

（4）便于安装和维修。

2.2　印制电路板及其工艺的分类

1. 印制电路板的分类

（1）印制电路板按层数可分为以下几种。

单面板：在绝缘基材的某一面通过印制和腐蚀的方法敷上铜箔，另一面则放置元器件。

双面板：在绝缘基材的两面都敷上铜箔，制成印制电路，需要用金属化孔连接。

多层板：由几层较薄的单面或者双面板粘合而成，一般为 4,6,8,⋯ 层。可实现电源或者接地端单独一层，需要用金属化孔连接。

挠性板：也称软印制板。基材由软质材料构成，可折叠、弯曲。

（2）印制电路板按材料可分为以下几种。

纸质敷铜箔层压板：用于一般无线电、电子仪器设备中，价格低，易吸水。

玻璃布敷铜层压板（用得较多）：电气性能和机械性能较好，价格偏高。

聚四氟乙烯玻璃布层压板（耐温 150℃）：具有良好的抗热性能和电性能，用于耐高温、耐高压的电子设备中。

（3）印制电路板按照基材的机械特性可分为刚性电路板、柔性电路板和刚柔结合的电路板。

2. 印制电路板工艺的分类

（1）加成法：在绝缘基材上有选择性地沉积导电金属，形成导电图形的方法。加成法可节省蚀刻溶液处理费用，大大降低了印制电路板生产成本。用加成法能制造高精密度印制电路板。

（2）减成法：将需要的部分覆盖，然后通过腐蚀或雕刻将不需要的部分去掉而形成导电图形的方法。减成法是现今印制电路板制造的主要方法，其优点是工艺成熟、稳定可靠。

（3）多层布线法：按照预先的设计，将布线层铜箔粘贴在基材上，然后压合第二层基材，进行第二层的铜箔粘贴，等等，通过重复的工序完成多层板制作的方法。

2.3　印制电路板的设计原则

1. 排除印制电路板上的干扰

印制电路板上的干扰有地线共阻抗干扰、电源干扰、电磁干扰和热干扰等。

（1）地线共阻抗干扰。地线布置不当时会产生干扰，必须做到同一电路的电流流经本电路的地线，同时可加宽接地导线面积。实际设计印制电路板时，应将接地元器件尽可能就近接到公共地线的一段或一个区域，也可接到一个分支地线上。两个或两个以上的回路不能共用一段地线。

（2）电源干扰。避免交流信号对直流产生干扰，使电源质量下降。

（3）电磁干扰。电磁干扰是电磁元器件排列不当引起的干扰，所以电磁元器件应相互垂直安放，或进行屏蔽处理等。

（4）热干扰。由发热元器件对周围元器件的热传导和热辐射引起的干扰称为热干扰。

2．合理的安装与布局

（1）元器件的安装方式可分为立式安装、卧式安装和立、卧式混装，如图 2.3.1 所示。

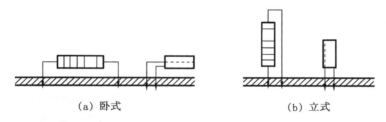

（a）卧式　　　　　　　　　　　　　（b）立式

图 2.3.1　元器件的安装方式

（2）元器件的排列可分为规则排列和非规则排列，规则排列的元器件按水平放置或垂直放置，非规则排列的元器件水平和垂直交叉放置。

（3）元器件在整个板面要布设均匀，且不能占满整个板面，板面周围要留出 2～10 mm 宽的边框。

（4）元器件的每根电极引线要独占一个焊盘。

（5）导线、元器件等不能上、下级交叉。

（6）发热元器件尽量排布在印制电路板周围，以便于散热。

3．导线的合理布置

（1）焊盘主要有圆形、方形、长圆形和椭圆形等，一般多采用圆形。

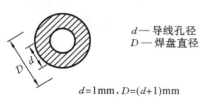

d—导线孔径
D—焊盘直径

$d=1\text{mm}, D=(d+1)\text{mm}$

图 2.3.2　导线宽度

（2）导线宽度一般取小圆直径 d 作为导线宽度，为 1～2 mm，如图 2.3.2 所示。

（3）导线间最小间隙应大于或等于 1 mm。

（4）印制导线的走向与形状（见图 2.3.3）：印制导线的走向不能有急剧的拐弯和尖角，拐角必须大于或等于 90°，否则容易引起印制导

线的剥离或翘起。导线与焊盘连接处的过渡也要圆滑,避免出现尖角。印制电路板
上的走线应越短越好,越少越好。

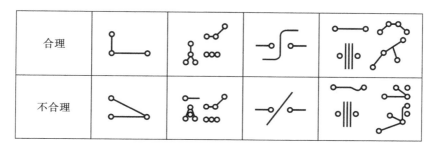

合理				
不合理				

图 2.3.3　印制导线的走向与形状

2.4　习 作 设 计

1. 设计资料

（1）声光控开关电路原理图如图 2.4.1 所示。

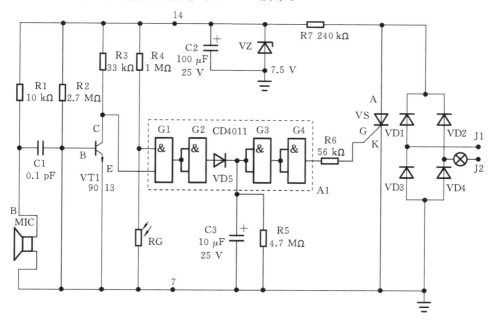

图 2.4.1　声光控开关电路原理图

（2）印制电路板加工尺寸、元器件安装面尺寸如图 2.4.2 所示。

（3）元器件结构尺寸如图 2.4.3 所示。

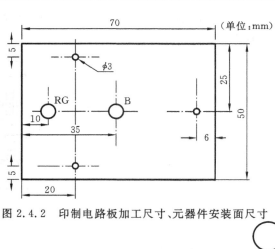

图 2.4.2　印制电路板加工尺寸、元器件安装面尺寸

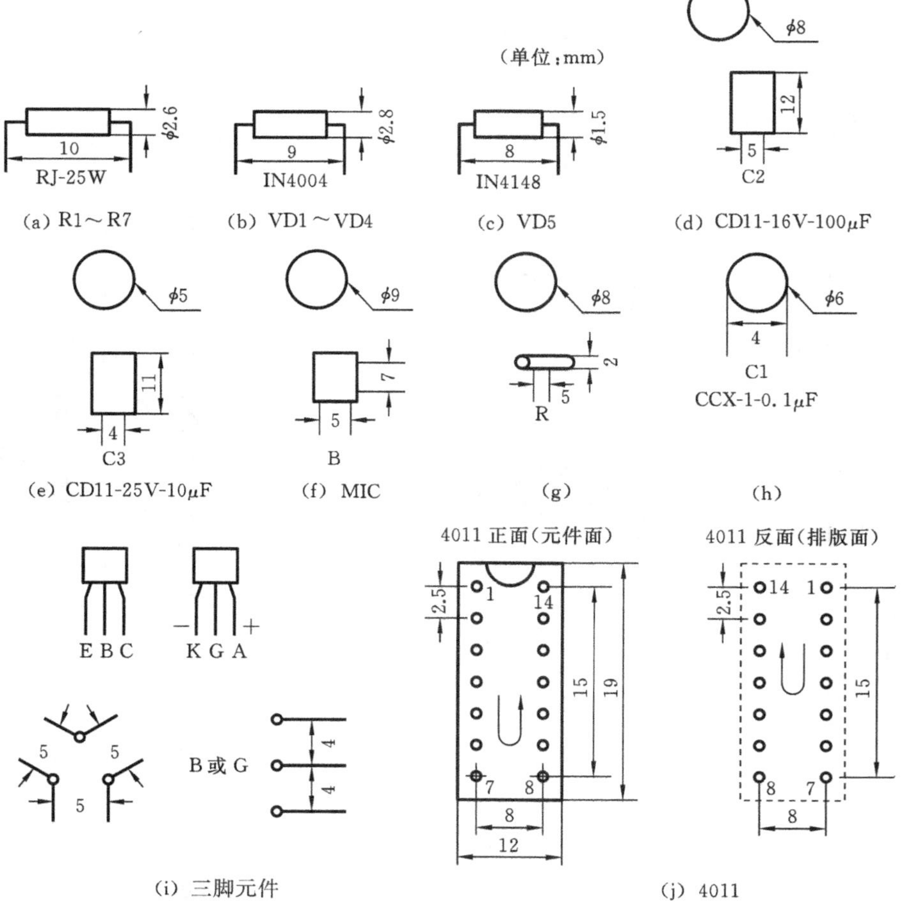

（单位：mm）

（a）R1～R7　　（b）VD1～VD4　　（c）VD5　　（d）CD11-16V-100μF

（e）CD11-25V-10μF　　（f）MIC　　（g）　　（h）

CCX-1-0.1μF

（i）三脚元件　　　　　　　　（j）4011

图 2.4.3　元器件结构尺寸

（4）声光控延时开关元器件如表 2.4.1 所示。

表 2.4.1 声光控延时开关元器件

代 号	名称/型号	封装/实物图（图号）	主要安装尺寸/mm
R1～R7	电阻 RJ-1/4W		$D=2.6, L=6, d=10, \Phi=0.6$
RG	光敏电阻	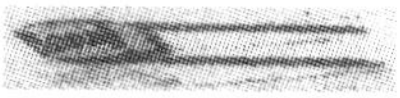	$D=8, L=2, d=5, \Phi=0.8$
C1	电容 CCX-0.1μF		$d=4, \Phi=0.5$
C2	电容 CD11-16V-100μF		$D=8, L=12, d=5, \Phi=0.6$
C3	电容 CD11-25V-10μF		$D=5, L=11, d=4, \Phi=0.6$
VD1～VD4	二极管 IN4004	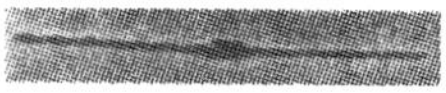	$D=2.8, L=5, d=9, \Phi=0.8$
VD5	二极管 IN4148		$D=1.5, L=4, d=8, \Phi=0.5$
VZ	稳压管 2CW1		$D=1.5, L=4, d=8, \Phi=0.5$
VT1	三极管 9013	T092 	$d=1.27, \Phi=0.5$
VS	晶闸管 MCR100-5		$d=1.27, \Phi=0.5$
MIC	驻极话筒		$D=9, L=7, d=5$
A1	集成电路 CD4011	DIP14 	$d=2.5, \Phi=0.5$

（5）布线区与印制电路板边缘的距离如图 2.4.4 所示。

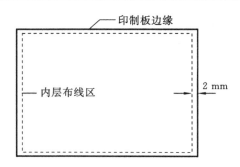

图 2.4.4　布线区与印制电路板边缘的距离

2. 设计要求

（1）习作给定条件与设计规范，如图 2.4.5 所示，具体如下。

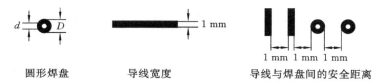

圆形焊盘　　　　　　　导线宽度　　　　导线与焊盘间的安全距离

图 2.4.5　给定条件

① 材料：单面敷铜板，板厚 1 mm。

② 对外连接方式：导线焊接方式。

③ 焊盘尺寸：孔径 $d＝1$ mm，外径 $D＝(d＋1)$ mm。

④ 导线宽度：1 mm。

⑤ 导线与导线、导线与焊盘、焊盘与焊盘之间边缘的最小距离：不小于 1 mm。

⑥ 元器件安装方式、排列方式与焊盘形式：元器件采用卧式安装、规则排列、圆形焊盘。

⑦ 整个排版设计只允许不多于两根"飞线"，如图 2.4.6 所示。

⑧ 完成两张图：单线不交叉草图（1：1）和正式排版图（2：1）。

A：阳极
G：控制极
K：阴极

图 2.4.6　"飞线"连接　　　　　图 2.4.7　MCR 晶闸管

（2）熟悉原理图，如图 2.4.1 所示。

① MIC(B) 麦克风——（固定）。

② RG：光敏电阻——（固定）。

③ 集成片（第 14 脚"＋"；第 7 脚"－"）。

④ MCR（晶闸管），如图 2.4.7 所示。

（3）指标要求如下。

① 尺寸要求：1∶1 图和 2∶1 图各一张（长 70 mm，宽 50 mm）。

② A 面为元器件面、B 面为布线面（要求画出排版图与元器件布设及引线图合二为一的图纸，便于安装与读图）。

③ 画出所需的边框线（2∶1 的边框应为 4 mm）。

④ 确定定位孔。

⑤ 确定定位元器件 RG、B 所要求的位置。

⑥ 作图时应从左到右或从右到左。

3. 习作检查

（1）等位点的检查包括低电位和高电位的检查，与集成片第 7 脚相连的低电位应有 11 个点，分别是 B、e、RG、C3、R5、K、V3、V4、C2、VZ 和集成片的第 7 脚；与集成片第 14 脚相连的高电位应有 8 个点，分别是 R1、R2、R3、R4、C2、VZ、R7 和集成片的第 14 脚。

（2）检查有极性元器件的正、负极是否接错。

（3）检查各个元器件的脚是否独占一个焊盘。

（4）检查飞线是否独占焊盘（一根飞线应有两个焊盘）。

（5）检查电源 J1、J2 是否有焊盘。

例如，汽车电池监视器原理图如图 2.4.8 所示，其印制电路板电路图如图 2.4.9 所示。

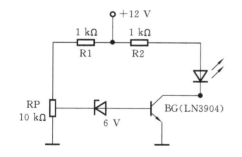

图 2.4.8　汽车电池监视器原理图

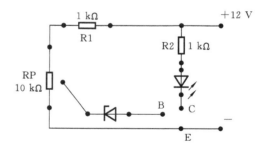

图 2.4.9　印制电路板电路图

【思考与习题】

1. 什么是印制电路和印制电路板？印制电路板的优点有哪些？

2. 印制导线的走向与形状有何要求？

3. 印制电路板上焊盘的大小及孔径如何确定？

4. 印制电路板上元器件的安装与排列方式有哪些？

第3章 常用电子元器件的识别与测试

在了解电子元器件的识别方法、性能好坏判别及相关参数测量方法之前,我们必须先学会使用一些简单的仪表工具,如数字万用表、L/C/R 测试仪等。

图 3.0.1 所示是数字万用表的面板,它的上部是一个液晶显示器,中间是一个量程选择开关,下部设有 20A、mA、COM 和 VΩ 四个表笔插孔,黑表笔始终插入 COM 孔中,测量电压或电阻时,红表笔应插入 VΩ 孔中;测量较小电流(小于 200 mA)时,红表笔应插入 mA 孔中,被测量电流在 200 mA 以上时,红表笔应插入"20A"孔中。

项目与量程选择开关合用,开关的周围有测量项目,ACA、DCA、ACV、DCV、Cx、hFE、Ω、二极管等,表示用数字万用表可测交、直流电压和电流,还可以用表测电容的电容量(Cx)、三极管的放大倍数(hFE)、电阻(Ω)、二极管的正向压降等。

图 3.0.1 数字万用表

对于数字万用表而言,交、直流电压测量,交、直流电流的测量和电阻的测量与指针万用表的基本相同。不同的只是数字万用表可直接从显示屏上读取,不存在满度值的折算和倍率乘数的问题。

3.1 电 阻 器

1. 电阻器的相关概念

电子在物体内作定向运动时会遇到阻力,这种阻力称为电阻。在物理学中,用电阻(resistance)来表示导体对电流阻碍作用的大小。

对于两端元器件,凡是伏安特性满足 $U=RI$ 关系的理想电路元器件叫做电阻器。电阻器(resistor)简称电阻,其阻值大小就是比例系数 R,当电流的单位为安培(A)、电压的单位为伏特(V)时,电阻的单位为欧姆(Ω)。电阻器是在电子电路中应用最为广泛的元器件之一,在电路中起分压、限流、耦合、负载等作用。

2. 电阻器的分类

(1)电阻器按照阻值特性可分为固定电阻器、可变电阻器和特种电阻器等三种。

(2)电阻器按照制造的材料可分为绕线电阻器、碳膜电阻器、金属膜电阻器等,如表 3.1.1 所示。

（3）电阻器按照功能可分为负载电阻、采样电阻、分流电阻、保护电阻等。

表 3.1.1　几种常用电阻器的性能及用途比较

名　　称	性　能　特　点	用　　途	阻值范围
绕线电阻器	热稳定性好、噪声小、阻值精度极高，但体积大、阻值低、高频特性差	通常在大功率电路中作负载，不可用于高频电路	0.1 Ω～5 MΩ
碳膜电阻器	有良好的稳定性，阻值范围宽，高频特性好，噪声较小，价格低廉	广泛应用于常规电子电路	1 Ω～10 MΩ
合成碳膜电阻器	阻值范围大、噪声大，但频率特性不好	主要用做高阻、高压电阻器	10 Ω～106 MΩ
金属膜电阻器	耐热性能好，工作频率范围大，稳定性好，噪声较小	应用于质量要求较高的电子电路中	1 Ω～200 MΩ
金属氧化膜电阻器	抗氧化性能强，耐热性好；因膜层厚度限制，阻值范围小	应用于精度要求高的电子电路中	1 Ω～200 kΩ

3. 电阻器的主要参数及其识别方法

固定电阻器文字符号为 R；图形符号为 ⊏▭⊐；单位为 Ω（1 kΩ＝1000 Ω）。

（1）不同种类电阻的表示法：RT 表示碳膜电阻，RJ 表示金属膜电阻，RX 表示绕线电阻。

（2）阻值识别的方法主要有直标法、文字符号表示法、色标法和数码表示法等。

① 直标法是把重要参数值直接标在电阻体表面的方法，如图 3.1.1 所示。

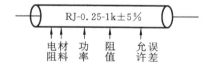

图 3.1.1　直标法

② 文字符号表示法是用文字和符号共同表示其阻值大小的方法，如图 3.1.2 所示。

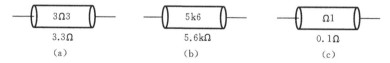

图 3.1.2　文字符号表示法

③ 色标法的表示方法如下所述。

用颜色代表数字，如：棕　红　橙　黄　绿　蓝　紫　灰　白　黑

　　　　　　　　　　　1　2　3　4　5　6　7　8　9　—0

用色环表示数值，用金、银、棕表示参数允许误差，如金±5%、银±10%、棕

±1％。

四环电阻:前 2 环代表有效数,第 3 环为零的个数,第 4 环为允许误差。

例如,250 Ω±10％如图 3.1.3 所示。

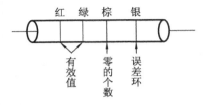

图 3.1.3　四环电阻

五环电阻:前 3 环代表有效数,第 4 环为零的个数,第 5 环为允许误差。

例如,21400 Ω±1％(精密电阻)可如图 3.1.4 所示。

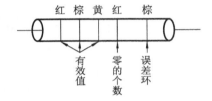

图 3.1.4　五环电阻

如果金色、银色是在零的个数位置,则金色表示 10^{-1}、银色表示 10^{-2}。

④ 数码表示法常见于集成电阻器和贴片电阻器等。其前两位数字表示标称阻值的有效数字,第三位表示"0"的个数。例如,在集成电阻器表面标出 104,则代表电阻器的阻值为 $10×10^4 Ω$。

(3)电阻值绝对误差、相对误差的计算公式:

$$\Delta = A_x - A_0$$

$$r = \frac{\Delta}{A_0} × 100\%$$

其中,Δ:绝对误差;A_x:测量值;r:相对误差;A_0:标称阻值。

例 3.1.1　某一电阻的 $A_0 = 56$ kΩ,$A_x = 56.5$ kΩ,试求其 r。

解　$r = \frac{56.5 - 56}{56} × 100\% = 0.89\%$

4. 电阻器的测量

1)电阻器的好坏判断

电阻器的好坏判断,可首先观察其引线是否折断、电阻阻身有无损坏。若完好,则可用万用表合适的挡位进行检测,如果事先无法估计电阻器的阻值范围,应先采用较大量程测量,然后逐步减小至合适挡位。测试时若表上显示出电阻值,并与标称阻值相比较,在偏差范围内,则表明电阻正常;若显示为"0",则表明电阻短路;若显示为

"1"（表示无穷大），则表明电阻断路。

在检测敏感电阻时，若敏感源（如光、热等）发生明显变化，则敏感电阻阻值应发生相应变化。否则可判定敏感电阻出现故障。

2）电阻器的测量方法

当使用数字万用表的 200 Ω 挡测量低阻电阻（小电阻）时，应首先将两支表笔短路，测出两支表笔间的电阻值，然后测出需要测量的电阻的阻值，并减去两表笔间的阻值，最后才是被测电阻的真实电阻值。对于其他的电阻挡位不必测试两表笔间的电阻值。

在印制电路板上测量阻值时，应采用正反两次测量的方法。由于与之相连的元器件对测量结果有影响，正常测量结果应小于或者等于标称阻值。若正反两次测量有一次大于标称阻值而且超出偏差范围，则说明此电阻有问题，可拆下来单独测量。

测量电阻时，不能用手并接在电阻两端，以免人体漏电、电阻与被测电阻并接，引起测量误差，如图 3.1.5 所示。

　　　　（a）正确　　　　　　　　　　　　　　（b）不正确

图 3.1.5　电阻的正确测量方法

3.2　电　容　器

1. 电容的相关概念

电容是表征电容器容纳电荷本领的物理量。电容器应满足 $i = C * (\mathrm{d}u/\mathrm{d}t)$ 的伏安特性，其容量大小用字母 "C" 表示，电容的基本单位是法拉（F）。法拉这个单位比较大，所以经常采用较小的单位，如毫法、微法、纳法、皮法等。在电路中，电容器常用于谐振、耦合、隔直、旁路、滤波、移相、选频等电路。

2. 电容器的分类

电容器的细分种类很多，一般按照结构和材料两种方式来进行分类。按照结构不同可分为固定电容器、可变电容器和微调电容器等三类；按照介质材料不同可分为有机固体介质电容器、无机固体介质电容器、电解质电容器、气体介质电容器、复合介质电容器等。其中，有机固体介质电容器可分为玻璃釉电容器、云母电容器和瓷介电容器等三类；电解质电容器可分为铝电解电容器、铌电解电容器和钽电解电容器等三类。表 3.2.1 列出了几种常见电容器的性能及用途比较。

表 3.2.1 几种常见电容器的性能及用途比较

名　　称	性 能 特 点	用　　途	容 量 范 围
玻璃釉电容器	抗潮湿,体积小,重量轻,可在高温条件下工作	小型电子仪器	$10\sim0.1\ \mu F$
云母电容器	精密度高,可靠稳定,频率特性好,不易老化,容量小	无线电中高电压、大功率设备	$5\sim51000\ pF$
瓷介电容器	体积小,绝缘性好,稳定性好,电气性能优异,容量小,机械强度低	高频、高压电路	$1\sim6800\ pF$
铝电解电容器	重量轻,单位体积电容量较大,介电常数较大,稳定性差,有极性	交流旁路和滤波	$1\sim10000\ \mu F$
钽电解电容器	稳定性好,体积小,容量大,寿命长,有极性	滤波、交流旁路,适宜于小型化电路	$1\sim1000\ \mu F$

3. 电容器的主要参数及其识别方法

(1) 固定电容器文字符号为 C,图形符号如图 3.2.1 所示。

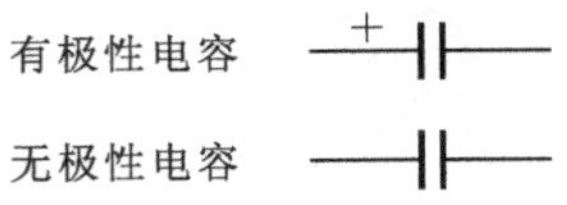

有极性电容　　　　┤├

无极性电容　　　　┤├

图 3.2.1　电容器图形符号

(2) 容量单位有法拉(F)、毫法(mF)、微法(μF)、纳法(nF)、皮法(pF)等,其转换公式为

$$1F=10^3\ mF=10^6\ \mu F=10^9\ nF=10^{12}\ pF$$

(3) 容量识别方法与电阻器相似,有直接法、数字法、文字符号法和色标法等。

① 直标法的规则是:凡不带小数点的整数,不标单位,其单位为 pF;凡带小数点的数,不标单位,其单位为 μF,如图 3.2.2 所示。

图 3.2.2　电容器容量直标法

② 数字法的规则是:前 2 位数为有效数,第 3 位为零的个数(若第 3 位数字为 9,表示 10^{-1}),单位为 pF,如图 3.2.3 所示。

③ 文字符号法:用数字和字母的组合来表示电容的容量。通常用两个数字和一个字母来标称,字母前为容量值的整数,字母后为容量值的小数,字母代表的是容量的单位。例如,8.2pF 标注为 8p2,10nF 标注为 10n,如

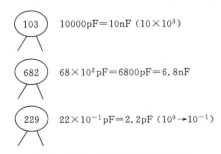

图 3.2.3　电容器容量数字法

图 3.2.4 所示。

图 3.2.4　电容器容量文字符号法

④ 色标法与电阻的色标法类似,其单位为 pF。

除以上几种表示方法外,新型的贴片还使用一个字母加一个数字或一种颜色加一个字母来表示其容量。

4. 电容器的测量

(1) 电容器的好坏判断及注意事项如下所述。

① 在测量电容器之前,必须将电容器两只引脚进行短路(放电),以免电容器中存在的电荷在测量时向仪表放电而损坏仪表。

② 在测量电容器时,不能用手并接在被测电容器的两端,以免人体漏电电阻与被测电容器并联在一起,引起测量误差。

③ 用数字万用表检测电容器充放电现象,可将数字万用表拨至适当的电阻挡挡位,将两支表笔分别接在被测电容 C_x 两引脚上,这时屏幕显示值将从"000"开始逐渐增加,直至显示溢出符号"1"。若始终显示"000",说明电容器内部短路;若始终显示"1",说明电容内部开路,也可能是所选择的电阻挡挡位不合适。观察电容器充电的方法是,当测量较大的电容器时,选择低电阻挡;当电容较小时,选择高电阻挡。表3.2.2列出电阻挡与电容器充电时间的关系。

表 3.2.2　检测电容充放电时数字万用表挡位的选择

电阻挡/Ω	电容量范围 $C_x/\mu F$	充电时间 t/s
20 M	0.1～1	2～12
2 M	1～10	2～18
200 k	10～100	3～20
20 k	100～1000	3～13
2 k	大于 1000	大于 3

对于更小容量的电容器(小于 5000pF),由于没有与之对应的电阻挡挡位可以测量或者因充电时间短、充电电流太小而导致万用表反应不明显,可以利用三极管(NPN 型,$\beta \geqslant 100$,I_{ceo} 较小)的放大作用来测量(见图 3.2.5)。

(2) 电容器容量测量。通过以上测试确定正常电容器后,再用数字万用表或RLC、LC 专用表,根据被测电容器容量的大小,选择适当的电容挡挡位,测量其实际电容值。

注意:标称电容器容量超过 20 μF 时不能在数字万用表上测量,应用 R/L/C 测

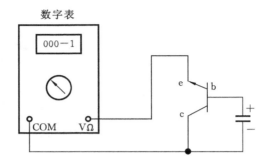

图 3.2.5　小容量电容器的测量方法

试仪测量。

测量电容器容量值见图 3.2.6。

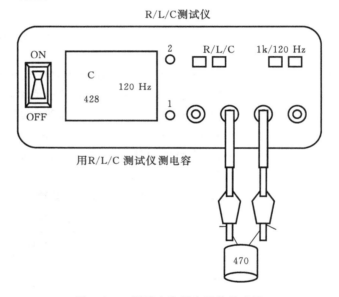

图 3.2.6　测量电容器容量值示意图

3.3　电感器、变压器

1. 电感的相关概念

1）自感和互感

当线圈中有电流通过时，线圈的周围会产生磁场。当线圈自身电流发生变化时，其周围的磁场也随之变化，从而使线圈自身产生感应电动势，这种现象叫做自感。当两个电感线圈相互靠近时，一个电感线圈的磁场变化将影响另一个电感线圈，这种现象叫做互感。

2）电感器

电感器又称电感线圈，是利用自感作用的一种元器件。它是用漆包线或纱包线等绝缘导线在绝缘体上单层或多层绕制而成的。其伏安特性应满足：

$$u = L \times (di/dt)$$

电感器的电感大小用字母"L"表示。电感的基本单位是亨利（H）。电感器在电路中起调谐、振荡、阻流、滤波、延迟、补偿等作用。其单位换算为：

$$1\ H = 10^3\ mH = 10^6\ \mu H$$

3）变压器

变压器是利用多个电感线圈产生互感来进行交流变换和阻抗变换的一种元器件。它一般由导电材料、磁性材料和绝缘材料三部分组成。在电路中，变压器主要用于交流电压、电流变换，阻抗变换和缓冲隔离等。

2．电感器

1）电感器的分类

电感器一般可分为小型固定电感器、固定电感器、微调电感器等。

（1）小型固定电感器：这一类电感器中最常用的是色码电感器。它是直接将线圈绕在磁芯上，再用环氧树脂或者塑料封装起来，在其外壳上标示电感量的电感器。

（2）固定电感器：它可以细分为高频阻（扼）流线圈和低频阻（扼）流线圈等。高频阻流线圈采用蜂房式分段绕制或多层平绕分段绕制而成，在普通调频收音机里就用到这种线圈。低频阻流线圈是将铁芯插入到绕好的空芯线圈中而形成的，常应用于音频电路或场输出电路。

（3）微调电感器：它是通过调节磁芯在线圈中的位置来改变电感量大小的电感器。半导体收音机中的振荡线圈和电视机中的行振荡线圈等就属于这种电感器。

2）电感器的主要参数及其识别方法

（1）电感器的基本参数主要有以下几个。

① 标称电感量：电感器的电感量可以通过各种方式标示出来，电感量的基本单位是亨利（H）。

② 额定电流：允许长时间通过线圈的最大工作电流。

③ 品质因数（Q 值）：它是指线圈在某一频率下所表现出的感抗与线圈的损耗电阻的比值，或者说是在一个周期内储存能量与消耗能量的比值。$Q = \omega L / R$。品质因数 Q 值的大小取决于线圈的电感量、工作频率和损耗电阻，其中，损耗电阻包括直流电阻、高频电阻、介质损耗电阻。Q 值越高，电感的损耗越小，其效率也就越高。

④ 分布电容（固有电容）：线圈的匝与匝之间，多层线圈的层与层之间，线圈与屏蔽层、地之间都存在电容，这些电容成为线圈的分布电容。把分布电容等效为一个总电容 C 加上线圈的电感 L 以及等效电阻 R，就可以构成图 3.3.1 所示的等效电路图。在直流和低频情况下，图中的 R 和 C 可以忽略不计，但是当频率提高时，R 和 C

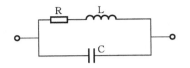

图 3.3.1　分布电容等效电路

的影响就会增大,进而影响到 Q 值。所以电感线圈只有在一定频率以下工作时,才具有较明显的电感特性。

（2）电感器的标识方法主要有直标法、文字符号法、色标法和数码表示法等。

① 直标法:直标法直接用数字和文字符号标注在电感器上,由三个部分组成,前面的数字和字母分别表示电感量的大小和单位,最后一个字母表示其允许误差。

② 文字符号法:小功率电感器一般采用这种方法标注,使用 N 或 R 代表小数点的位置,对应的单位分别是 nH 和 μH,最后一位字母表示允许误差。

③ 色标法:一般采用四环标注法,其单位为 μH,紧靠电感体一端的色环是第一环,前两环为有效数字,第三环为零的个数,第四环为误差环。

④ 数码表示法:默认单位为 μH,前两位数字为有效数字,第三位数字为零的个数;用 R 表示小数点的位置,最后一个字母表示允许误差。

3）电感器的检测

电感线圈的参数一般使用专用的电感测量仪或者电桥进行测试。一般情况下,根据电感器本身的标识以及它的外形尺寸来选用合适的电感测量挡位,因为电感的可替代性比较强,使用数字万用表测量电感器时主要是检测其性能。

使用合适的电阻挡对电感器进行检测时,若测得的电阻值远大于标称值或者趋近于无穷大,则说明电感器断路;若测得的电阻值过小,说明线圈内部有短路故障。

3. 变压器

1）变压器的分类

按照变压器的工作频率可分为高频、中频、低频和脉冲变压器等。按照耦合材料可分为空芯变压器、铁芯变压器和磁芯变压器等。

2）变压器的组件及其主要参数

变压器主要由铁芯和绕组组成。铁芯是由磁导率高、损耗小的软磁材料制成;绕组是变压器的电路部分,初级绕组、次级绕组以及骨架组成的线包需要与铁芯紧密结合以免产生干扰信号。变压器的主要参数有以下几个。

① 变压比:次级电压与初级电压的比值或次级绕组匝数与初级绕组匝数之比。

② 额定功率:在规定的电压和频率下,变压器能长期正常工作的输出功率。

③ 效率:变压器输出功率与输入功率的比值。

此外,变压器的参数还有空载电流、空载损耗、温升、绝缘电阻等。

3）变压器的检测

将数字万用表的转换开关拨至 2k(20k)或 200 Ω 挡位置,用两支表笔分别接在变压器初级两端或次级两端,测出初级电阻和次级电阻,如图 3.3.2 所示。如果测出初级电阻或次级电阻为 0 或∞,则该变压器内部短路或开路,变压器已损坏。我们在制作实习产品 S-2000 型直流稳压/充电电源时所要做的充电器中的变压器,其初级电阻约为 $1.5\ \text{k}\Omega(2\ \text{k}\Omega)$,次级电阻约为 $3\ \Omega$,变压器为正常。($R = p(L/S)$,S 为导线截面积,p 为电阻率,L 为导线长度)。另外,要用数字万用表测试变压器初级和次级电阻之间是否短路,如果导通,则变压器损坏。

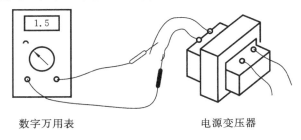

数字万用表　　　　　　　　电源变压器

图 3.3.2　电源变压器初级和次级电阻测量

3.4　半导体分立器件

1. 半导体分立器件的相关概念

导电性能介于导体与绝缘体之间的材料叫做半导体。由半导体材料制成的具有一定电路作用的器件叫做半导体器件。半导体器件因具有体积小、功能多、成本低、功耗低等优点而得到广泛的应用。半导体器件包括半导体分立器件和半导体集成器件。在这一节里,主要介绍一些常见的半导体分立器件。

2. 半导体分立器件的分类与命名

1) 半导体分立器件的分类

半导体分立器件主要有二端器件(晶体二极管)和三端器件(晶体三极管)两大类。

晶体二极管按材料可分为锗材料二极管和硅材料二极管两类;按用途可分为整流二极管、发光二极管、开关二极管、检波二极管、稳压二极管和光敏二极管等;按结构特点可分为点接触二极管和面接触二极管两类。

晶体三极管按材料可分为锗材料三极管和硅材料三极管;按电性能可分为高频三极管、低频三极管、开关三极管和高反压三极管等;按制造工艺可分为扩散三极管、合金三极管、台面三极管、平面及外延三极管等。

2) 半导体分立器件的命名

在不同的国家,半导体器件型号的命名方法不同。现在世界上应用较多的命名方法主要有国际电子联合会半导体器件型号命名法,主要应用于欧洲国家,如意大利、荷兰、法国等;美国半导体器件型号命名法,主要指美国电子工业协会半导体器件型号命名法;日本半导体器件型号命名法等。

　　我国也有一套完整的半导体器件命名方法——中国半导体器件型号命名方法。按照规定,半导体器件的型号由五个部分组成,场效应管、复合管、PIN 管等无第一部分和第二部分,另外,第五部分表示器件的规格号,有些器件没有第五部分。具体每一部分的表示符号及其符号代表的意义参见表 3.4.1 所示。

表 3.4.1　中国半导体器件型号命名法

第一部分 用数字表示器件 的电极数目	第二部分 用字母表示器件的 材料和极性		第三部分 用字母表示器件的类型		第四部分 用数字表示 器件的序号
2 二极管	A B C D	N 型,锗管 P 型,锗管 N 型,硅管 P 型,硅管	A D G X P V W C Z	高频大功率管 低频大功率管 高频小功率管 低频小功率管 普通管 微波管 稳压管 参数管 整流管	—
3 三极管	A B C D E	PNP 型,锗管 NPN 型,锗管 PNP 型,硅管 NPN 型,硅管 化合物材料	L S N U K B T Y J	整流堆 隧道管 阻尼管 光电器件 开关管 雪崩管 可控整流器 体效应器件 阶跃恢复管	
—	—	—	CS FH PIN BT JG	场效应器件 复合管 PIN 型管 半导体特殊器材 激光器材	

3. 半导体二极管

半导体二极管由一个 PN 结、电极引线和外加的密封管壳制作而成。

1) 普通半导体二极管

(1) 普通半导体二极管的极性,可根据二极管单向导通的特性判断。

将数字万用表拨至 ⊶⊢ 挡,用两支表笔分别接在二极管的两个电极上,若屏显值为二极管正常压降范围(本课程后面章节涉及的 S-2000 型直流稳压/充电电源制作所使用的二极管压降范围应该为"0.5～0.7V"),说明二极管正向导通,红表笔接的是正(＋)极;黑表笔接的是负(－)极,如图 3.4.1(a)所示。若屏显为"1",说明二极管处于反向截止,反向为"1"。红表笔接的是负(－)极,黑表笔接的是正(＋)极,如图 3.4.1(b)所示。

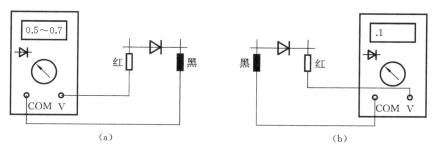

图 3.4.1　二极管的极性判别

若所使用的万用表没有二极管测试挡位时,可以根据二极管正向阻值较小(一般是几百欧到几千欧之间),反向阻值较大(几十千欧或以上)的特点来判断二极管极性。

(2) 好坏判别及参数测量方法如下所述。

将数字万用表拨至 ⊶ 挡,如图 3.4.2(a)所示,用红表笔接正(＋)极,黑表笔接负(－)极,屏显应为正常压降范围;若交换表笔再测一次,图 3.4.2(b)所示屏显应为"1",则说明二极管合格。若两次均显示为"000",说明二极管击穿短路;两次均显示为"1",说明二极管开路。

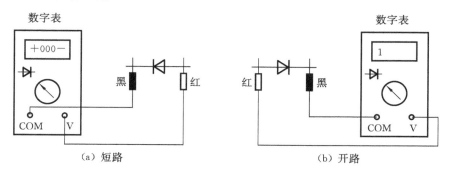

图 3.4.2　二极管的好坏判别

2) 发光二极管的测量

(1) 发光二极管极性的识别与判别有以下三种方式。

① 根据发光二极管的引脚长短识别,通常长电极为正(＋)极,短电极为负(－)极。

② 根据塑封二极管内部极片识别,通常小极片为正(＋)极,大极片为负(－)极。

③ 通过二极管的单向导通特性或者正反向阻值差别判断(参照普通二极管判别方法)。

(2) 发光二极管发光检测及好坏判别方法如下所述。

① 将数字万用表转换开关拨至 ⊬⊦ 挡,用红表笔接发光二极管正(十)极,黑表笔接发光二极管负(一)极,测得数值为发光管正常压降范围(一般为 1.6～1.8 V),调换表笔再测一次,若屏幕显示为"1",则表明发光二极管合格正常。

② 如图 3.4.3 所示,将数字万用表转换开关拨至 HFE 挡位置,然后将发光二极管的正极插入 NPN 型管座的"C"孔中,负极插入"E"孔中,发光应为正常。若不发光,说明发光二极管已损坏或管脚插反,调换管脚重新测试。

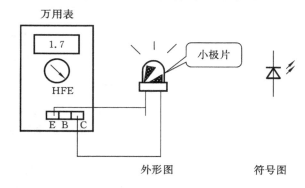

图 3.4.3　发光二极管正反向测量

4. 晶体三极管

晶体三极管是由两个 PN 结连接相应电极封装而成的。其主要参数有 HFE 直流放大系数和 β 交流放大系数。

(1) 基极及类型判别如图 3.4.4 和图 3.4.5 所示。

从图 3.4.4 可看出,NPN 型三极管的结构如图 3.4.4(c)所示,B 极引自 P 区,C 极、E 极分别从两个 N 区引出。

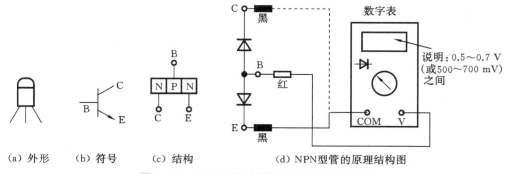

(a) 外形　(b) 符号　(c) 结构　(d) NPN型管的原理结构图

图 3.4.4　NPN 型三极管的基极及类型判别

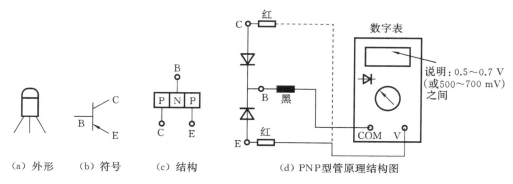

（a）外形　　（b）符号　　（c）结构　　　　　（d）PNP 型管原理结构图

图 3.4.5　PNP 型三极管基极及类型判别

从图 3.4.5 可看出 PNP 型三极管的结构如图 3.4.5（c）所示，B 极引自 N 区，C 极、E 极分别从两个 P 区引出。

因而从二极管单向导通特性可以判别出管子的类型和基极。具体的判别步骤如下。

① 将数字万用表拨至二极管挡。

② 用红表笔固定某一电极，黑表笔分别接触另外两个电极，若两次都显示一定压降（一般是 0.5～0.7 V），证明红表笔接的是基极（B），被测晶体管是 NPN 型管。

③ 用黑表笔固定某一电极，红表笔分别接触另外两个电极，若两次都显示一定压降（一般是 0.5～0.7 V），证明黑表笔是基极（B），被测晶体管是 PNP 型管。

（2）集电极（C）和发射极（E）的判别方法步骤如下。

① 先用数字万用表 HFE 挡插口判别三极管的基极。

② 在判定三极管的类型和基极的基础上，将数字万用表拨至 HFE 挡，把被测三极管基极插入 B 孔，余下两个电极分别插入 C 孔和 E 孔中，若屏显几十至几百，说明三极管接法正常，有放大能力，此时插入 C 孔的电极是集电极，E 孔的电极是发射极。若屏显几至十几，说明管子集电极与发射极插反，须重新调换测试来判别 C 极和 E 极。

（3）三极管的 BE 和 BC 结正、反向测量。测量三极管 BE 结 BC 结正、反导电性的方法与测量二极管的正、反向方法一样，了解三极管原理结构图便可测出。

（4）直流放大系数的测量及好坏判别。在判定三极管的类型和电极的基础上，根据图 3.4.6 所示，将数字万用表转换开关拨至 HFE 挡的位置，然后将被测管按（NPN 或 PNP）依次将 E、B、C 极管插入相应的插孔中，若屏显几十至几百，则说明三极管接法正常，该读数为直流放大系数（HFE）。若屏显为几至十几，

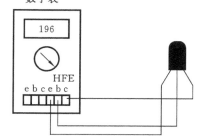

图 3.4.6　三极管放大倍数的测量（HFE）

则说明三极管管脚插错,须重新测试。

若屏显为"000",说明三极管内部击穿短路,若屏显为"1",则说明三极管开路,该三极管不能使用。

3.5 集 成 电 路

1. 集成电路的相关概念

集成电路(Integrated Circuit,IC)就是将晶体二极管、三极管、电阻、电容等元器件按照特定要求的电路连接制作在一块硅单晶片上。它具有体积小、重量轻、可靠性高、集成度高、互换性好等特点。随着科技的发展,集成电路的集成度也越来越高,集成电路也越来越广泛地应用到我们日常的生活中。图 3.5.1 所示为某液晶显示器的部分电路。

图 3.5.1　双列直插 8 脚小集成块

2. 集成电路的分类

(1)集成电路按照制作工艺不同可分为半导体集成电路、膜集成电路和混合集成电路等。通常我们提到的集成电路指的是半导体集成电路。另两种电路一般用于专用的集成电路,被称为模块。

(2)集成电路按照功能不同可分为模拟集成电路和数字集成电路等。

(3)集成电路按照集成度的高低可分为中小规模集成电路、中规模集成电路、大规模集成电路和超大规模集成电路等。

3. TTL、CMOS 集成电路简介

1) TTL 电路

TTL 电路的特点是:输出高电平高于 2.4 V,输出低电平低于 0.4 V。在室温下,一般输出高电平是 3.5 V,输出低电平是 0.2 V。最小输入高电平和低电平分别

为 2.0 V 和 0.8 V,噪声容限是 0.4 V。最早的 TTL 门电路是 74 系列,后来发展到74H、74L、74LS、74AS、74ALS 等系列。TTL 电路是电流控制器件,TTL 电路的速度快,传输延迟时间短(5～10 ns),但是功耗较大。

　　2) CMOS 电路

　　CMOS 电路的特点是:CMOS 电路输出高电平约为 $0.9V_{CC}$,而输出低电平约为$0.1V_{CC}$,具有较宽的噪声容限。CMOS 电路是电压控制器件,CMOS 电路的速度慢,传输延迟时间长(25～50 ns),但功耗低。

4. 集成电路的命名

　　集成电路的品种型号繁多,其命名方法也因地域、公司或厂商的不同而不同。中国国家标准的集成电路型号命名由五个部分组成:国标产品标识、电路类型、电路系列和代号、温度范围和封装形式。各个部分表示方法及其含义见表 3.5.1。

表 3.5.1　中国半导体集成电路型号命名法

第一部分 国产标识	第二部分 电路类型	第三部分 电路系列和代号	第四部分 温度范围	第五部分 封装形式	
C: 中国制造	T:TTL 电路	与国际同品种 保持一致,如 TTL 可分为: 54/74XXX 54/74HXXX 54/74LXXX 54/74SXXX 54/74LSXXX 54/74ASXXX 54/74ALSXXX 54/74FXXX CMOS 可分为: 54/74HCXXX 54/74HCTXXX 4000 系列	C:0～70℃	W	陶瓷扁平
	H:HTTL 电路		G:-25～70℃	B	塑料扁平
	E:ECL 电路		L:-25～85℃	D	陶瓷直插
	C:CMOS 电路		E:-40～85℃	P	塑料直插
	M:存储器		R:-55～85℃	J	黑瓷直插
	U:微型机电路		M:-55～125℃	K	金属菱形
	F:线性放大器			T	金属圆形
	W:稳压器				
	D:音响、电视电路				
	B:非线性电路				
	J:接口电路				
	AD:A/D 转换器				
	DA:D/A 转换器				
	SC:通信专用电路				
	SS:敏感电路				
	SW:钟表电路				
	SJ:机电仪电路				
	SF:复印机电路				

3.6　其他常用元器件检测

1. 交流电源线检测

　　交流电源线的检测要求及方法与直流连接器的相同,单线各自导通和两线之间不通才是正常的。其检测方法如图 3.6.1 所示。

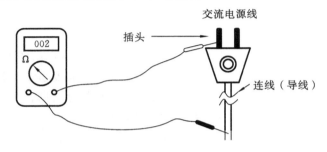

图 3.6.1　交流电源线检测

2. 开关检测

　　将数字万用表转换开关拨至 200 Ω 或蜂鸣器挡位,用一支表笔接在极(刀)接触点上,另一支表笔接在某一位接触点上,当该极(刀)与开关某一接触点(位)相连接时,两个触点应导通,电阻值为 0,见图 3.6.2 和图 3.6.3。该极与其他位不相连时应不通(断开),此时,绝缘电阻大于 100 MΩ,表示该开关正常,可以使用。测量拨动开关单极(刀)三位(1D3W)如图 3.6.2 所示。

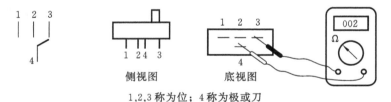

1,2,3 称为位；4 称为极或刀

图 3.6.2　单极(刀)三位(1D3W)拨动开关测量

　　测量拨动开关双极(刀)双位(2D2W)如图 3.6.3 所示。

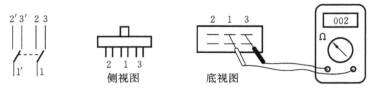

2,3 称为位；1 称为极或刀

图 3.6.3　双极(刀)双位(2D2W)拨动开关测量

3. 十字插头

将数字万用表转换开关拨至 200 Ω 或蜂鸣器挡位,用一支表笔接连线一端,另一支表笔接插头或插孔(内或外)一端。假定:十字插孔内孔与连线一端相连(导通),此时,屏显为 001～005 Ω,而与另一连线端不通(断开),屏显为"1",表示该连接器可靠并可以使用。若十字插头(孔)与两条连线两端两次测试均屏显为"000"或为"1",则表示前者为短路,后者为开路(断路),说明该连接器不能使用。测试十字插头方法如图 3.6.4 所示。

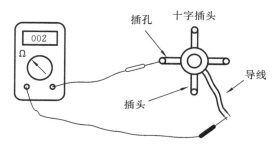

图 3.6.4　十字插头的测量

3.7　实习产品 1:S-2000 型直流稳压/充电电源

1. 实习目的

(1)通过对一台充电电源的安装,了解电子产品的装配过程;提高识图能力;掌握常用电子元器件的识别方法;学习整机的装配工艺;培养动手能力及严谨的科学作风。

(2)通过对充电电源的检测调试,了解一般电子产品的生产调试过程;初步学习调试电子产品的方法;培养检测能力及分析问题的能力。

2. 实习要求

(1)对照原理图、装配图,安装充电电源。

(2)了解原理图、装配图上的符号,并与实物对照。

(3)掌握电子产品基本的安装、焊接工艺。

(4)掌握基本的调试方法,将所测参数值填入实习报告。

3. 工作原理

本产品可将 220 V 市电转换成 3～6 V 直流稳定电源,可作为收录机等小型电器的外接电源,并可对 1～5 节镍镉电池进行恒流充电,性能优于市售一般直流电源及充电电源,有较高性价比和可靠性,是一种用途广泛的实用电器。

由原理图(见图 3.7.1)可见,变压器 T 及二极管 VD1～VD4,电容 C1 构成典型全波整流电容滤波电路,后面电路若去掉 R2 及 LED1,是典型的串联稳压电路。其

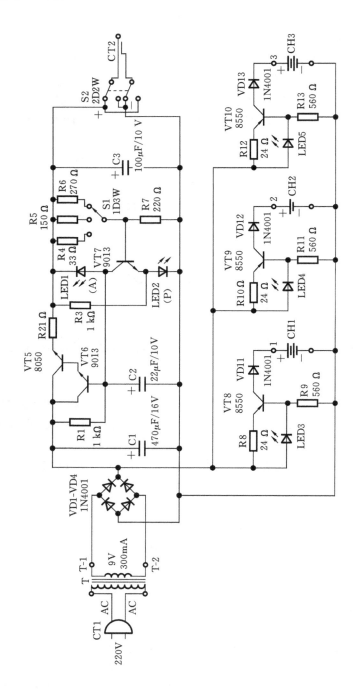

图 3.7.1　直流稳压充电电源原理图

中,LED2(绿色)兼作电源指示及稳压管。R2 及 LED1 组成简单过载及短路保护电路,LED1 兼作过载指示。当输出电流增大时,R2 上电压降增大,在增大到一定数值后 LED1 导通,使调整管 VT5、VT6 的基极电流不再增大,限制了输出电流增加,起到了限流保护作用。由框图(见图 3.7.2)可知。

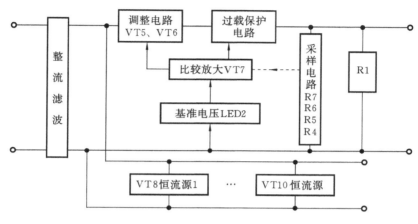

图 3.7.2 电原理框图

1) 调整电路

调整电路是稳压电源的核心环节,因为输出电压最后要依赖调整电路的调整作用才能达到稳定,稳定电路输出的最大电流也主要取决于调整电路,所以调整管使用的参数不应超过器件的极限数据,其主要参数如下:① 晶体管的击穿电压 BV_{ceo};② 最大允许功耗 P_{CM};③ 最大允许电流 I_{CM}。

当晶体管的功率不能满足要求时,可将几只性能相近的晶体管并联起来使用。

2) 基准电压

基准电压是一个稳定度较高的直流电压,利用发光二极管的正向电压特性(1.9 V 左右),实现"稳压"。

为了保证晶体管电压基本稳定,电流不能无限制增加,必须加一个限流电阻 R3,这也是设计稳压电路的关键。

3) 比较放大电路

比较放大器是一个直流放大器。它将采样电路得到的电压 nU_o 与基准电压 U_E(U_{LED2})进行比较,然后以两者之差进行放大再去控制调整管,以稳定输出电压 U_o。

4) 采样电路

由电阻(R4～R6 和 R7)组成分压器,其任务是将输出电压 U_o 的一部分取出送到比较放大器,放大后去控制调整环节。输出电压(U_o)的大小,直接由采样分压比 n 和基准电压 U_E(U_{LED2})来决定。

采样比：

$$n = \frac{R7}{R4 + R7}$$

在正常情况下，采样电压近似等于基准电压 $U_{\text{LED2}}(U_E)$。

$$U_o \approx \frac{R4 + R7}{R7}, \quad U_E = \left(1 + \frac{R4}{R7}\right) U_E$$

显然，当 $R4$ 增大或 $R7$ 减小时，U_o 增大；

反之，当 $R4$ 减小或 $R7$ 增大时，U_o 减小。

当取 $R4 = 33\ \Omega$ 时，$U_o = 3\ \text{V}$；当 $R5 = 150\ \Omega$ 时，$U_o = 4.5\ \text{V}$；当 $R6 = 270\ \Omega$ 时，$U_o = 6\ \text{V}$。

所以，改变取样电路的分压比，就可以调节 U_o 的大小。

由于采样电路将输出电压 U_o 取出一部分，送到比较放大器与基准电压进行比较，假如输出电压 U_o 由于某种原因（外电压变化或负载电流变化）而发生变化时，比较放大器就把变化信号放大并送到调整电路，调整电路将产生相反的变化来抵消输出电压的改变。

5）恒流源电路

VT8、VT9、VT10 及其相应元器件组成完全相同的恒流源电路，以 VT8 单元为例：

$$I_o = \frac{V_Z - V_{\text{BE}}}{R8}$$

其中，V_Z 为 LED3 上的正向压降，V_{BE} 在一定条件下是一常数。

所以，I_o 主要取决于 V_Z，与负载无关，实现恒流特性。

LED5 可防止电池极性接错或电流倒流，因此，改变 $R8$ 可调节输出电流 I_o。将 $R8$ 换成 $15\ \Omega$，VT8 的 c、e 并联一支 $51\ \Omega$ 电阻，便可使 CH1 恒电流电路的电流可达到 $I_o = 160\ \text{mA}$，实行快速充电。

$$充电时间 = \frac{标准容量}{标准充电电流} \times k \quad (k = 1.2 \sim 1.5)$$

注意：因电池生产厂家电池的特性有所区别，一般情况下，系数的上下值就是充电时间的范围。

例如，南龙产金属氢化物镍电池（MH-Ni）标准容量为 1200 mA·h，有

$$\frac{1200\ \text{mA·h}}{160\ \text{mA}} \times 1.2 = 9\ \text{h}, \quad \frac{1200\ \text{mA·h}}{160\ \text{mA}} \times 1.5 = 11.25\ \text{h}$$

即该电池充电时间为 9～11.25 h。

4. 安装

（1）按元器件清单清点全套元器件，并负责保管好。

（2）用万用表检测元器件，测量结果填入元器件测试实习报告。

（3）对元器件引线或引脚进行镀锡处理。

（4）检查 A、B 印制板的铜箔线条是否完好，有无断线及短路，特别注意印制电路板四周边缘。

（5）成形和插装。元器件在镀锡后，应按照印制板的尺寸要求，使其引脚弯曲成形，能够方便插入孔内。

插装元器件还应注意以下原则。

①装配时应先安装那些需要机械固定的元器件，后安装靠焊接固定的元器件。否则，就会在机械紧固时因印制板受力变形而损坏其他元器件。

②各种元器件的插装，应使标记和色码朝上，易于辨认，标记的方向应该从左到右或从上到下，尽量使元器件两端的引线长度相等，把元器件放在两插孔中央，排列要整齐。有极性的元器件，插装时要保证方向正确。

③焊接时，应先焊接比较耐热的元器件，如电阻、电容、二极管等；后焊接比较怕热的元器件，如各种集成电路器件等。

（6）元器件安装质量及顺序直接影响整机的质量与成功率。表 3.7.1 和表 3.7.2 所示安装顺序及要点是实践证明较好的一种安装方法。

表 3.7.1　A 板的元器件安装顺序及要点

序 号	内 容	注 意 要 点	备 注
1	电阻	卧式安装。保持色环方向一致	标称值在左边，允许误差在右边。从左到右，从上到下
2	二极管	卧式安装。注意极性　+　−	若安装孔太小可用镊子尖扩孔
3	三极管	9013　8 mm	注意极性及安装高度
4	电解电容	卧式安装。注意极性　100μF/10 V　与三极管等高	卧式安装，电容的极性标记向上或向外

表 3.7.2　B 板的元器件安装顺序及要点

序 号	内 容	注 意 要 点	备 注
1	J_0	J_0 可用其他元器件剪下的引线,取合适的长度,从元器件面插入后焊接	使用剪下电阻引脚线即可
2	发光二极管 LED1～LED5	8 mm	注意发光管的极性和颜色,安装高度以管子露出机壳的圆孔 1～2 mm 为原则
3	开关 S_1、S_2	1D3W　　　2D2W	孔小时可用镊子尖扩大后插入,将开关 S_1、S_2 插到底后焊接

注:发光二极管与开关高度一致。

(7) 排线焊接。首先预制,将排线平均折成三等份,两头的三分之一撕开,中间的三分之一连着。排线的一端接 A 板,接 A 板的一端必须整理成 U 形,A 端左右两边各 5 根线(即 1～5,11～15)分别依次剪成均匀递减 2～3 mm,参照图 3.7.3 中所示的形状。

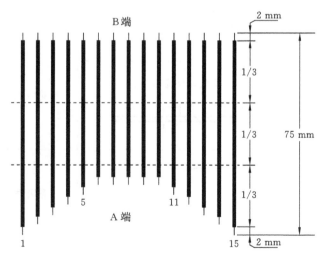

图 3.7.3　排线预制

接 B 板的排线不用整形(即保持原样)。

A 端与 B 端的 15 根线头每根去掉 2～3 mm 的绝缘层,镀锡。

先焊 B 端,再焊 A 端。

5. 整机装接工艺

（1）装焊电池夹正极片和负极弹簧。

① 使正极片凸面向下，如图 3.7.4 所示。将 J1、J2、J3、J4、J5 分别焊在正极片凹面焊接点上（正极片焊点应先镀锡），将焊好线的正极片弯曲 90°，如图 3.7.4（a）所示，插入机壳正极片插槽内。

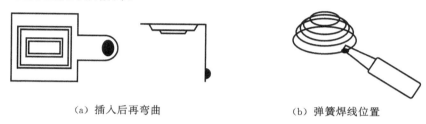

（a）插入后再弯曲　　　　　　　　　　　（b）弹簧焊线位置

图 3.7.4　安装正极片和负极弹簧

② 安装负极弹簧如图 3.7.4（b）所示。在距弹簧第一圈起始点 5 mm 处镀锡，分别将 J6、J7、J8 与弹簧焊接，按产品说明书中的整机装配图所示位置将弹簧插入槽内，焊点在上边。在插左右两个弹簧前应先将 J4、J5 焊接在弹簧上后再插入相应的槽内。

（2）安装固定印制电路板（B）。用 M2.5 自攻螺钉固定 B 板后，将 J1、J2、J3、J6、J7、J8 分别焊接在 B 板的相应点上。

（3）将变压器原边与电源线连接。把电源线 CT1 焊接至变压器交流 220 V 输入端，如图 3.7.5 所示。

注意：两接点用塑料套管可靠绝缘，出盒处打结。然后将变压器副边引出线朝上，放入机壳固定槽内。

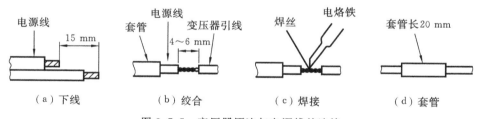

（a）下线　　　　　　（b）绞合　　　　　　（c）焊接　　　　　　（d）套管

图 3.7.5　变压器原边与电源线的连接

（4）焊接 A 板与 B 板以及变压器的所有连线。

① 变压器副边引线焊至 A 板 B-1，B-2。

② B 板与 A 板用 15 线排线对号按顺序焊接。排线的镀锡处理见产品说明书。

（5）检查所有连接线是否正确。

6. 检测与调试

1）目视检验

组装完毕，按原理图及工艺要求检查整机安装情况，着重检查电源线、变压器连线、输出连线及 A、B 印制电路板的连线是否正确、可靠,连线与印制电路板相邻导线及焊点有无短路及其他缺陷。

2)通电检测

(1)用数字万用表 2 kΩ(20 kΩ)挡,测得电源插头间电阻应在 1.5 kΩ(2 kΩ)左右方可通电。

(2)将充电电源插头插入 220 V 的电源插座内,此时电源指示灯(绿色发光二极管 LED2)亮,LED1 不亮说明电路基本正常。

(3)电压可调,用数字万用表 DCV 的 20 V 挡在十字插头输出端,测出输出电压。所测电压应与面板所指示的 3 V、4.5 V、6 V 相对应。拨动开关 S1,输出电压应相应变化(与面板标称值误差±0.3 V 为正常)并记录该值(填入测试报告中)。

方法:红表笔接至 A 处,黑表笔接至 B 处,可见万用表屏幕显示电压值(3 V、4.5 V、6 V)。

(4)充电检测:用数字万用表的直流(DC)200 mA 挡。

以正、负表笔为充电负载代替电池,分别测出 1-2、3、4-5,三组电流,各自电源值应为 60±5 mA(改装的除外),且 LED3 至 LED5 应按面板指示位置相应点亮,将测出的电流值填入测试报告中,表笔不能接错位置,否则无法测出电流,如图 3.7.6 所示。

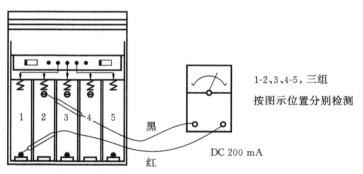

图 3.7.6　充电电源检测示意图

(5)负载能力,过载保护的检测。

3)检测原理

(1)负载能力:用一个 47Ω/2W 电位器作为负载,接到直流电压输出端、串接数字万用表 500 mA 挡,调节电位器使输出电流为额定值 150 mA;用连接线替下数字万用表,测出此时的输出电压(注意换成电压挡)。将所测电压与通电检测(3)中所测值比较,各挡电压下降均应小于 0.3 V,并加载 1～2 min 观察各零部件是否异常。

(2)过载保护:将数字万用表 DC500 mA 串入电源负载回路,逐渐减小电位器阻值,充电电源面板指示灯(即原理图中 LED1)应逐渐变亮,电流逐渐增大到一定数

（约 500 mA）后不再增大，起保护电路作用。在增大阻值后指示灯 LED1 熄灭，恢复正常供电。

测试方法如图 3.7.7 所示。

（3）检测仪原理示意如图 3.7.7 所示。

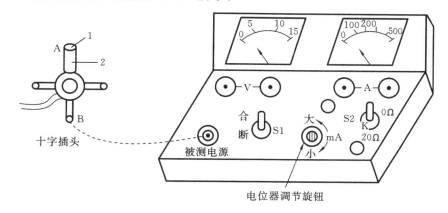

图 3.7.7　检测仪原理示意图

① 将测试仪的开关 S1 打到"合"处；开关 S2 打到"0Ω"处，电流调节电位器调到"小"的位置。

② 将充电电源插头插入交流 220 V 的插座内（充电器电压极性拨到正极），将充电电源上的十字插头的 B 插入测试器的"被测电源"插孔中。

③ 将电流调节电位器向大的方向调节，则电流表上的电流慢慢增大，当增大到一定值（300～500 mA）时，负载指示灯（红灯）逐渐变亮，电源指示灯（绿灯）逐渐变暗，同时输出电压降低，当电流调到约 500 mA 时，稳定 1～2 min，观察元器件，若无异常，则证明负载能力正常。

3.8　实习产品 2：声光控延时节电开关

1. 概述

声光控延时开关是一个不仅可以节约用电，而且可以给人们生活带来很多方便的装置。顾名思义，它可以由声音和光来控制。声光控开关在日常生活中主要用于控制走廊、楼道等短时间停留场所的照明灯，当光线暗到一定程度，开关接收到声响即可接通电源，照明灯亮；延时一段时间后自动切断电源，照明灯熄灭。

2. 实习目的

通过制作、调试本产品，培养学生的动手能力，强化学生电子产品实践与创新的意识，把理论知识通过日常的观察和思考应用到实践中。

3. 工作原理

如图 3.8.1 所示,声光控开关是由话筒 MIC 接收声音信号,由 RG 光敏电阻接收光信号,经过四个二端输入的与非门电路后控制 VS 晶闸管导通或者截止,达到无触点开、关照明灯的目的。

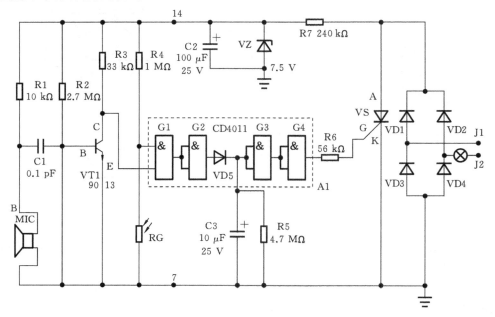

图 3.8.1　声光控开关原理图

1) 由晶闸管组成的交流无触点开关原理

当晶闸管的阳极 A 接正,阴极 K 接负时,在控制极 G 上加适当数值的正触发信号(高电平)时,晶闸管即导通;在控制极 G 处于低电平时,晶闸管即截止。应用晶闸管的开关特性,可以控制交流电路的通断。

2) 与非门电路工作原理

声光控开关电路的核心元件为 CMOS4011 集成电路,它由四个二端输入的与非门电路组成。单个与非门输入/输出的逻辑电平如表 3.8.1 所示。

表 3.8.1　与非门输入/输出的逻辑电平

A	L	H	L	H
B	L	L	H	H
C	H	H	H	L

表中,A、B 为输入电平;C 为输出电平;L 表示低电平;H 表示高电平。

与非门图形符号如图 3.8.2 所示。

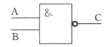

图 3.8.2　与非门图形符号

3）声光控制原理

声光控延时开关的电路原理图如图 3.8.1 所示。电路中的主要元器件使用了数字集成电路 CD4011,其内部含有 4 个独立的与非门 G1～G4,电路结构简单,工作可靠性高。

其工作原理声音信号由驻极体话筒 MIC 转换成电信号,经 C1 耦合到 VT1 进行电压放大,放大的信号送到与非门 G1 的 2 脚,R2、R3 是 VT1 偏置电阻,C2 是电源滤波电容。

为了使声光控开关在白天开关断开,即灯不亮,由光敏电阻 RG 等元器件组成光控电路,R4 和 RG 组成串联分压电路,在白天,由于有光照,光敏电阻 RG 阻值减小（R＜10 kΩ）,其连接的与非门 G1 的 2 脚为低电平,此时无论 1 脚为高电平还是低电平经过后续电路到晶闸管时,晶闸管均为截止状态。夜晚环境无光时,光敏电阻的阻值很大（R＞10 MΩ）,RG 两端的电压较高,为高电平。此时,晶闸管的开关控制由话筒 MIC 的信号控制,从而达到夜间声控的目的。

改变 R5 或 C3 的值,可改变延时时间,满足不同目的。G3 和 G4 构成两级整形电路,将方波信号进行整形。当 C3 充电到一定电平时,信号经与非门 G3、G4 后输出为高电平,使单向晶闸管导通,电子开关闭合;C3 充满电后只向 R5 放电,当放电到一定电平时,经与非门 G3、G4 输出为低电平,使单向晶闸管截止,电子开关断开,完成一次完整的电子开关由开到关的过程。

二极管 VD1～VD4 将交流 220 V 进行桥式整流,变成直流电,又经电阻器 R7 降压,电容器 C2 滤波后即为电路的直流电源,为 MIC、VT1 等供电。

4．安装与焊接

（1）元件排列要求整齐,电阻、二极管卧放。

（2）RG 光敏电阻元器件留长管脚,不能事先剪短,其高度应与开关外壳吻合。

（3）其他元器件高度尽量靠近印制电路板,不宜超过电容的高度。

（4）严格按照实际产品安装图组装,不可错放元器件。集成片、晶闸管、二极管、电解电容等元器件需注意其极性,不可装反、装错。

（5）注意焊接质量,不能有虚焊、漏焊和非连接焊点的桥接。

5．检测与调试

1）目视检测

组装完毕,应按原理图及工艺要求检查整机安装情况。查看焊点焊接情况并检查敷铜板线、焊盘有无断开或脱落现象,着重检查元件安装的位置和极性。

2）直流检测

（1）将直流稳压电源调至小于 7.5 V，CMOS4011 的 14 脚接正极，7 脚接负极。

（2）用数字万用表 DC20 V 挡位测量。

① 有光和无光条件下，RG 所连接集成片管脚电平是否符合原理所述的要求。

② 有声响和无声响情况下测试 MIC 所连接集成片管脚电平是否符合原理所述要求。

③ 在无光条件下，测试 MIC 接收到声音信号后和接收信号前，晶闸管 G 管脚电平是否符合原理所述电平要求。

（3）交流检测：在直流检查合格且输出端电阻大于 500 kΩ 时，方可通电进行交流检查。交流检查是在测试板上进行的，通电后用黑色胶布盖住 RG，发出声响，照明灯亮。保持安静，约 1 min 后，照明灯熄灭说明开关工作正常。

【思考与习题】

1. 数字万用表有哪些功能？

2. 如何用数字万用表测试 5 环电阻中阻值为 1 Ω 的电阻？

3. 如何用数字万用表检测二极管的好坏？

4. 如何用数字万用表对电容进行充、放电检测？

5. 写出下列 5 环电阻的标称阻值。

（1）棕黑黑银棕；（2）红红黑金棕；（3）棕绿黑黑棕。

第 4 章　Protel 99 SE 计算机辅助设计

4.1　Protel 99 SE 的操作环境

Protel 99 SE 的安装与大多数 Windows 应用程序的安装相同,用户按照软件安装过程中的提示进行。完成安装后,启动 Protel 99 SE,进入初始界面。在 Protel 99 SE 中,以项目数据库文件为中心,在启动各种编辑器之前,必须首先创建一个项目数据库或者打开一个已经存在的项目数据库(后缀名为. ddb)文件。要创建一个新的项目数据库,可以按照以下步骤进行。

1. 创建项目数据库文件

(1) 启动 Protel 99 SE,出现初始界面后,选择 File→New,弹出对话框,在对话框中单击 Location 标签,显示设置项目数据库文件的相关选项。

(2) 在对话框的 Design File Name 选项框中显示了系统默认的文件名,用户可以在此输入新的文件名如 my. ddb。然后单击 Browse 命令按钮,在弹出的另一个对话框中重新指定文件的存储路径。

(3) 单击对话框底部的 OK 命令按钮,这样就创建了一个名称为 my. ddb 的项目数据库文件。在工作区的窗口中包含 3 个文件夹,双击 Documents 文件夹,选择 File→New,启动原理图编辑器。

2. 启动原理图编辑器

创建了项目数据库文件后,就可以启动原理图编辑器,创建原理图文件。启动原理图编辑器的操作方法如下。

(1) 选择 file→New,弹出一对话框。需要注意的是,此时 File 菜单中包含的命令与前面的 File 命令有很大不同,此时的 File 菜单中的命令主要是对此项目数据库中的文件进行管理和操作的。

(2) 在此对话框中,显示了此时用户可以创建的文件类型,部分文件类型如下。

Document Folder:创建新的文件夹。

Schematic Document:创建原理图文件。

Schematic Library Document:创建原理图元件库文件。

PCB Document:创建印刷电路板文件。

PCB Library Document:创建印刷电路板元件库文件。

Text Document：创建文本文件。

Spread Sheet Document：创建表格文件。

Waveform Document：创建波形文件。

（3）在对话框中单击 Schematic Document，然后单击 OK 命令按钮，则在 Document 文件夹窗口中出现一个 Sheet1. sch 图标，双击此图标，打开新创建的原理图文件，便可以开始进行原理图设计。

3. 启动印制电路板编辑器

如果要进行印制电路板设计，就需要启动印制电路板编辑器，它的操作方法与启动原理图编辑器相似，选择 File→New 弹出一对话框，在其中显示了各种文件类型的图标，选中 PCB Document，单击 OK 命令按钮，就创建了一个新的印制电路板文件。

4.2 绘制电路原理图

1. 绘图工具和命令

绘制电路原理图依靠的是 Protel 99 SE 所提供的相关工具和命令，熟练掌握这些工具和命令，就可以在设计工作中提高效率，达到事半功倍的效果，在 Protel 99 SE 中绘制电路原理图时，既可以使用绘图工具，也可以使用菜单命令，在菜单栏的 Place 菜单中提供了下列一系列绘制原理图的菜单命令。

Bus：绘制总线。

Bus Entry：绘制总线分支线。

Part：选择此命令，即可在弹出的对话框中选用元器件。

Junction：放置电路节点。

Power Port：选用电源和接地符号。

Wire：绘制导线。

Net Label：设置网络标号。

Port：设置电路输入/输出端口。

Sheet Symbol：设置方块电路盘。

Add Sheet Entry：设置方块电路盘输入/输出端口。

2. 设置电路图纸参数及相关信息

设置电路原理图图纸的参数，首先需要设定图纸的尺寸和方向。具体操作步骤是启动原理图编辑器，选择 Design→Options，在对话框中单击 Sheet Options 标签。尺寸选择 A4 纸。方向选择 Landscape（水平放置）。

3. 导入原理图元件库

在 Protel 99 SE 中，各种电路元件都放置在相应的元件库中，向图纸中导入电路元件之前,必须首先清楚各个元件所在的元件库,并把相应的元件库载入原理图项目浏览器中。Protel 99 SE 的库文件的后缀名是.ddb,导入元件库的操作方法如下。

(1) 选择 View→Design Manager,在工作窗口左边显示项目管理器窗口。如果此时已经打开了原理图编辑器,则在项目管理器窗口单击 Browse Sch 标签,即可打开原理图项目浏览器窗口。

(2) 在浏览器窗口单击 Add/Remove 命令按钮,在此可以进行添加、删除库文件的操作,单击"文件类型"下拉列表框,从弹出的下拉列表中选择 Protel Design File (.ddb),指定文件类型。

(3) 单击对话框底部的 Add 或 Remove 命令按钮,将选中的库文件添加到 Selected Files 列表框中,单击 OK 命令按钮,返回工作窗口。

4. 将元件放置在图纸中

导入了元件库以后,使用原理图项目浏览器,就可以在图纸上放置元件了。

(1) 在原理图项目浏览器中,单击 Browse Sch 标签,然后单击顶部的下拉列表框,选择 Libraries。

(2) 拖动浏览器窗口下方列表框右边的滚动条滑块,在列表框中寻找所需要的元件名称。

(3) 在列表框中双击选中的元件名称,或者单击列表框底部的 Place 命令按钮,此时鼠标光标将带有选中元件的形状,将鼠标光标移动到图纸的适当位置上单击,即可将选中的元件放置在图纸中。

(4) 在主工具栏中单击若干次放大图标按钮,将图纸放大。这种方法是直接从原理图项目浏览器中选择元件,不进行编辑而直接放置在图纸中的操作方法。

5. 调整图纸中的元件

在图纸中放置了元件后,为了使绘制的原理图布局合理、线条简洁,需要对图纸中的元件位置进行调整。

1) 元件的选取

如果用户只需要选取图纸中的某一个元件,用鼠标在图纸中单击即可,元件周围会出现黑色的虚线框,表示此元件处于被选中的状态。如果要取消这个元件的选中状态,则只要单击图纸的其他部分即可。

如果要同时选中图纸中的多个元件,则可以在图纸中的适当位置单击,并按住鼠标左键,拖动鼠标光标到另一处释放左键,则鼠标划出的方框内的所有元件将同时被选中,选中的元件周围出现黄色方框。需要取消这些元件被选中的状态时,选择 Edit→Deselect→All,则鼠标所划出的方框内的所有元件就被取消选中状态。

2) 元件的旋转

绘制电路原理图时,为了布线方便、美观,常常需要将元件旋转,改变它的方向,操作方法如下。

Space(空格)键：每按一次 Space 键，被选中的元件就逆时针旋转 90°。

X 键：每按一次，被选中的元件就左右翻转一次。

Y 键：每按一次，被选中的元件就上下翻转一次。

3）调整元件位置

调整了元件的方向后，还需要调整图纸中各个元件的位置，以使电路原理图布局合理、紧凑。移动元件的操作也是多种多样的，下面粗略地加以介绍。

方法一：在图纸中单击需要移动的元件，按住鼠标左键，此时鼠标光标变为十字光标，被选中元件的名称、序号消失而代之以虚线框；继续按住鼠标左键，拖动鼠标，被选中的元件也会随之移动，将鼠标光标移动到适当位置，释放鼠标左键，即可完成移动元件的操作。

方法二：在图纸中单击需要移动的元件，使元件周围出现虚线框，表示元件被选中；再次单击元件（注意不是双击元件，而是两次单击），此时鼠标光标变为十字光标，拖动鼠标，选中的元件会随着移动，将鼠标光标移动到适当位置，再次单击鼠标左键，将元件放置在当前位置。此时十字光标消失，但是元件周围的虚线框仍然存在，在图纸中的其他位置单击，取消对元件的选择，结束操作。

方法三：选择 Edit→Move→Move，此时鼠标光标变为十字光标，移动光标到图纸中需要移动的元件上，单击元件，移动鼠标，则选中的元件也随着移动，移动鼠标光标到适当位置单击，放置元件。此时鼠标光标仍然是十字光标，可以继续移动其他元件，按 Esc 键可以取消移动操作。

以上是移动单个元件的操作方法，移动导线、标注文字等的操作与此相同。

4）删除元件

如果在图纸中放置了多余的元件，需要将它们删除，既可以每次只删除一个元件，也可以同时删除多个元件，如果用户只需要删除一个元件，有下面两种方法。

方法一：在图纸中单击需要删除的元件，在元件周围显示虚线框，按 Delete 键即可删除选中的元件。

方法二：选择 Edit→Delete，此时鼠标光标变为十字光标，将鼠标光标移动到需要删除的元件上单击，即可将元件删除。删除元件后，鼠标光标仍然保持为十字光标，此时可以继续删除其他元件，按 Esc 键可以取消删除命令状态。

如果用户需要同时删除多个元件，可以按照下述方法进行：在图纸中选中需要删除的多个元件，选择 Edit→Clear，即可从图纸中删除选中的多个元件。

6. 设置元件属性

将元件放置在图纸中，并调整它们的位置、方向，然后还要对各个元件的属性进行设置，规定它们的序号、封装形式、管脚号定义等。

（1）在图纸中双击元件，弹出对话框，其中包含 4 个标签，单击 Attributes 标签，显示设置元件属性的选项。

（2）在对话框的 Lib Ref 选项输入框中显示此元件在元件库中的型号，这个选项是不允许修改的。

（3）在 Footprint 选项框中输入元件的封装型号。

（4）在 Designator 选项的输入框中输入规定元件的序号，此选项输入框中的内容将在图纸中显示出来，在 Part 选项输入框中规定元件型号，此选项的内容也将在图纸中显示出来。

（5）单击对话框底部的"OK"命令按钮，返回工作窗口，分别单击元件序号和元件型号，将它们拖动到适当的位置。

7．绘制导线

在前面的内容中，已经将所需的元件放置在图纸中，并设置了元件的属性、调整了元件的位置，下面要做的工作就是把各个相互独立的元件按照设计要求用导线连接起来。

（1）选择 View→Toolbars→Wiring Tools，调出连线工具，或者选择 Place→Wire。

（2）将十字光标移动到元件一引脚上单击鼠标左键，确定导线的起始点，此时在元件的引脚上显示一个圆点，表示导线起始点的位置，当拖动鼠标时这个圆点就会消失。

（3）沿着图纸中的栅格线向下拖动鼠标，随着鼠标的移动，拖出一条直线。拖动鼠标光标到另一元件的引脚下单击鼠标左键，确定这条导线的终点。

（4）此时移动鼠标，十字光标仍然会拖出一条直线，如果在另一处单击即可绘制出一条转折的导线，右击鼠标或者按 Esc 键，完成一条导线的绘制工作，再次右击鼠标或者按 Esc 键，将取消绘制导线的工作状态。

8．添加电路节点

添加元件等操作有时会使电路中的某些导线上缺少节点，这就需要利用放置节点的工具，在电路图中添加所需要的节点。电路节点是用来确定两条以上相交导线是否具有电路连接关系的点，在电路图中缺少必需的节点必将导致整个电路连接关系的错误。在电路图中放置电路节点可以按照以下操作进行。

（1）选择 View→Toolbars→Wiring Tools，在工作窗口中弹出 Wiring Tools 工具栏，在工具栏中单击按钮，选择添加节点的工具。

（2）此时鼠标光标变为十字光标，并且有一个电路节点粘在光标上。移动鼠标到适当的位置单击，将节点放置在图纸中，此时鼠标光标仍然为十字光标，用户还可以继续放置节点，按 Esc 键完成放置节点的操作。

（3）用户对放置在图纸中的节点不满意，可以双击该节点，将弹出一对话框，在这个对话框里可以修改节点的各个属性。

注意：在图纸中绘制导线时，系统会在 T 导线交叉点自动放置一个节点，这一功能可通过设置属性来取消或者恢复。选择 Tools→Preferences,弹出一对话框,在对话框中单击 Schematic 标签,然后在 Options 选区中选中 Auto Junction 复选框,即可激活自动放置节点的功能。

9. 添加网络标号

前面已经在图纸中添加了所需的元件,并且已经用导线连接了各个元件。有时由于原理图中的元件太多,元件之间的连接关系比较复杂,会使得电路原理图中的导线错综复杂。为了使复杂的原理图看起来更清晰、简洁,可以利用网络标号来实现元件之间的电路连接。网络标号可以简单地看做是一个节点,具有相同网络标号的元件引脚、导线、符号等元件在电路连接关系上是连接在一起的。应用网络标号除了可以减少图纸上的连线,使电路原理图更简洁以外,更主要的用途是用于多层中各个模块电路之间的连接,即通过命名为同一网络标号,使两个以上没有相互连接的网络在电路关系上发生联系。

(1) 单击 View→Toolbars→Wiring Tools 工具栏中的 net1 按钮,选择放置网络标号的工具,此时鼠标箭头变为十字光标,并出现一个随光标移动的虚线方框。按功能键 Tab,弹出对话框,在对话框顶部的 Net 选项输入框中输入 Vcc 设置网络标号的名称。方向(orientation)设置为 0 Degrees。

(2) 单击 Wiring Tools 工具栏中的地线符号,按功能键 Tab,弹出对话框。首先在对话框顶部的 Net 选项输入框中输入 GND 设置网络标号的名称。形状(style)设置为 Power Ground,方向(orientation)设置为 90 Degrees。

注意:设置网络标号的名称时,具有连接关系的两个网络标号,名称应该完全相同,包括字体的大小写也要完全一样。

10. 进行 ERC 检验

已经绘制了一幅电路原理图后,下面就可以生成网络报表,进行印制电路板的设计了。但是在生成网络表之前,通常还要进行 ERC 检验,也就是利用电路设计软件对设计好的电路进行测试,以便检查出设计者的疏漏。检查后,程序会生成可能存在的错误报表,并在电路原理图中有错误的地方做出标记,便于用户进行修改。

(1) 在工作窗口中打开要进行检验的原理图,选择 Tools→ERC,弹出对话框。

(2) 在对话框中单击 Setup 标签,显示设置 ERC 检验属性的一系列选项。在 ERC→ERC Options 选区中包含了 8 个复选框。

注意:Protel 99 SE 中将检查出来的问题分为两类:一类是警告(Warning),属于不大严重的错误;另一类是错误(Error),属于比较严重的错误。一般不建议选中 Suppress Warning 复选框。

11. 生成网络表文件

绘制好原理图之后,必须经过生成网络表文件这一步骤,才能继续绘制印制电路板图。只有生成正确的网络表文件,才能在进行布线时避免错误,下面以绘制电路原理图生成网络表文件为例介绍操作步骤。

1）选择 Design→Create Netlist

（1）在弹出的对话框中单击 Preferences 标签，对该对话框中的有关选项进行设置。

（2）单击 Output Format 选项：输出格式，在弹出的列表中给出了多个选项供用户设置原理图的输出格式，从中选择 Protrl。

（3）单击 Net Identifier Scope 选项：用来设置网络标号和 I/O 端口的有效范围，本例中由于电路原理图是单层原理图，因此，此选项不进行设置。

（4）单击 Sheets to Netlist 选项：生成网络表的图纸，在弹出的下拉列表中给出了 3 个选项，这里设定为 Active sheet，即当前处于激活状态的图纸。

（5）Append sheet numbers to local net name 选项：将原理图编号附加到网络名称上，这里不选中该项。

（6）Descend into sheet parts 选项：细分到图纸部分，对于单张原理图没有实际意义，因此不选中该项。

（7）Include un-named single Pin nets 选项：包括没有命名的单个引脚网络，这里不选中该项。

2）在对话框顶部单击 Trace Options

（1）在对话框中单击 Enable Trace 复选框，则跟踪结果生成一个文件，其文件名与原理图文件相同，后缀为. tng。

（2）本例采用默认的设置，即不选中任何选项。

（3）在对话框中进行了设置之后，单击 OK 命令按钮，系统自动生成与原理图文件名相同，后缀为. net 的网络表文件。

4.3　印制电路板的设计

通常先设计印制电路板的尺寸、外形，然后再设置习惯性的环境参数。一般情况下，环境参数设置是一次完成的，以后就不再做修改。之后就可以装入预先准备好的网络表以及元件的外形，布置好各个元件后即可开始自动布线，布线结束后再进行相应的手工调整，一块印制电路板就设计好了。

1. 进入 PCB 编辑器

新建或打开一个设计数据库文件. Ddb，进入设计文件夹 Documents。执行菜单命令 File→new 出现选择文件类型对话框，双击该对话框中的 PCB Document 图标即可创建一个新的元件库文件，默认的文件名为 PCB1。在工作窗口中该文件的图标上或在设计浏览器中该文件的文件名上双击鼠标左键，即可进入印制电路板编辑器。

2. 印制电路板的参数设置

1）印制电路板的结构

作为一名印制电路板设计人员，在设计印制电路板之前首先要知道印制电路板的结构。通常情况下印制电路板可分为以下三种。

（1）单面板：单面板是一种一面敷铜，另一面没有敷铜的电路板。单面板只能在敷铜的一面放置元件和布线。它具有不用打过孔、成本低的优点，但其只能单面布线，这使实际的设计工作比双面板或多层板困难得多。

（2）双面板：双面板包括顶层 Top Layer 和底层 Bottom Layer 两层，顶层一般为元件面，即用来放置元件，底层则通常为焊锡面。它的特点是，双面都有敷铜，都可以进行布线。双面板的电路一般要比单面板电路复杂，但是其设计不一定比单面板困难，所以它是制作印制电路板较为理想的选择。

（3）多层板：多层板包含顶层、底层、中间层以及内部电源/接地层等多个工作层面。

对于印制电路板设计而言，层数越多，布线时可以选择的路径就越多，布线也就越容易。一般来说，元件都放置在印制电路板的顶层，而底层通常都是焊接用的，中间层则用于布线。元件被插在印制电路板上以后，与焊盘连在一起，连接于两个焊盘之间的是铜膜走线。通常铜膜走线是两个焊盘之间的导线，而大部分焊盘上焊接的是元件的引脚，当无法顺利连接两个焊盘时，就需要在印制电路板的另外一个布线板层上走线，进行连接。

通常为了对印制电路板进行编号、说明，会在印制电路板的顶层印上一些文字或图案，如元件序号等，这些文字或图案都属于非布线层，它们所在的层面称为丝印层，在印制电路板的顶层和底层都提供了丝印层。

2）印制电路板工作层的设置

Protel 99 SE 提供了众多的工作层面，大概可以分为如下八种类型：信号层、内部电源/接地层、机械层、钻孔层、阻焊层、防锡膏层、丝印层和其他层等。

（1）对于单面板，信号层中只需要打开 Top Layer（顶层），还需要打开的有 Top screen Layer（顶层丝印层）、Keep Out Layer（禁止布线层），为设计方便，还应该打开 Visible Grid1（可见网格线层 1）、Visible Grid2（可见网格线层 2）。其他的使用缺省设置即可。

（2）对于双面板，信号层中需要打开 Top Layer（顶层）、Bottom Layer（底层），还需要 Top screen Layer（顶层丝印层）、Keep Out Layer（禁止布线层），如果需要在印制电路板的两面上都放置元件，还应该打开 Bottom screen Layer（底层丝印层），其他工作层的设置和单面板一样。

（3）对于多层板，信号层中需要打开 Top Layer（顶层）、Bottom Layer（底层），以及一些中间层。其他的工作层设置和双面板一样。

设置工作层的操作步骤：选择 Design→Options，在调出的对话框中，如果需要打开某一个工作层，可以将该工作层名称的复选框打上"√"符号，表示打开了该工作层。

3. 确定印制电路板边界

确定印制电路板的边界，也就是确定印制电路板的电气边界。电气边界是用来限定布线和元件放置的范围，它是通过禁止布线层（Keep Out Layer）绘制边界来实现的，将层面设计切换到禁止布线层（Keep Out Layer），执行菜单命令 Place→Track，光标变成十字形状，当光标在工作区移动时，状态栏中最左侧会显示光标当前所在位置的坐标。将光标移动到坐标(0,0)，(2000,0)，(2000,1500)，(0,1500)等处画一个四边形，这个四边形的大小就是印制电路板的实际尺寸。

4. 装入网络表与 PCB 元件

规划好印制电路板后，接着就要装入网络表和元件。网络表和元件是同时装入的。在装入网络表和元件之前，必须先将所用到的 PCB 元件装入 PCB 编辑器。应注意的是，原理图元件和 PCB 元件是两个完全不同的概念，后者对应的是前者的封装形式，原理图元件库和 PCB 元件库是不能通用的。PCB 元件库的装入与原理图元件库的装入方法完全相同。

装入网络表与 PCB 元件有以下两种方法。

1）利用同步器装入网络表和元件

利用同步器（Synchronizer）装入网络表和元件是 Protel 99 SE 所提供的一项全新的功能，它可以直接从原理图文件中将电路的网络表和元件装入 PCB 文件，而不必由原理图生成网络表文件。这与以往先由原理图生成相应的网络表文件，再在 PCB 设计系统中从该网络表文件装入网络表和元件的传统方法有很大的不同。主要是完全省去了由原理图生成网络表文件这个中间步骤，从而大大简化了设计过程。利用同步器从原理图文件中直接装入网络表和元件，必须先在原理图所在的同一个设计数据库中创建一个 PCB 文件，并预先装入所需的全部 PCB 元件库。

利用同步器（Synchronizer）装入网络表和元件的具体操作步骤如下：在印制原理图编辑器中执行菜单命令 Design→Update PCB，出现 Update Design 对话框，在该对话框中选择所要的 PCB 目标文件，单击 Apply，进入以下对话框。

（1）Connectivity：连通性。用于选择原理图内部网络连接的方式，共有 Net Labels and Ports Global、Only Ports Global 和 Sheet Symbol/Port Connections 3 种选择，默认为 Sheet Symbol＞Port Connections。

（2）Append sheet numbers to local net name：将原理图编号附加到网络名称上。默认状态为未选中。

（3）Update Component footprint：更新元件封装形式。选中该项，则系统遇到不同的元件外形或封装形式时自动进行更新。默认状态为选中。

（4）Delete Component：删除没有连线的图件，默认状态为选中。

（5）Generate PCB rules according to schematic layout：根据原理图设计生成 PCB 布线。这主要是针对放置了 PCB 布线符号的原理图而言的。默认状态为未选中。

单击对话框中的 Execute 按钮，即可将本次更新的变动反映到 PCB 文件中。也就意味着装入整个网络表和所有元件。注意：这时装入的网络表和元件并不在规划好的印制电路板边界内。

2）利用网络表文件装入网络表和元件

除了用同步器（Synchronizer）从原理图直接装入网络表和元件的方法外，还可以利用传统的方法来实现，即利用原理图生成的网络表文件装入网络表和元件。

　利用网络表文件装入网络表和元件的具体操作步骤如下：在 PCB 编辑器中，执行菜单命令 Design→Netlist，装入网络表对话框，在对话框中装入网络表文件，单击 Execute 按钮，开始装入网络表和元件，此时窗口看不见网络表和元件，当单击 View→Fit Board，整个网络表和元件出现在 PCB 工作区，这时装入的网络表和元件并不在规划好的印制电路板边界内。

5．元件布局

通过前面的步骤，我们已经将网络表和元件装入到 PCB 工作区。下面就要进行元件的布局工作了。对元件进行布局可以利用 Portel 99 SE 所提供的自动布局功能。

1）元件的自动布局

（1）在 PCB 编辑器中执行菜单命令 Tools→Auto Place，出现元件自动布局对话框。在该对话框中用户可以选择元件自动布局的方式。对话框中各选项的含义如下。

① Cluster placer：成组布局方式。这种基于组的元件自动布局方式将根据连接关系将元件划分成组，然后按照几何关系放置元件组。该方式比较适合元件较少的电路。

② Statistical placer：统计布局方式。这种基于统计的元件自动布局方式根据统计算法放置元件，以使元件之间的连线长度最短。该方式比较适合元件较多的电路。

③ Quick Component placement：快速元件布局。该选项只有在选择成群布局方式 Cluster placer 时选中才有效。

（2）这里使用统计布局方式，设置元件自动布局参数，各个选项的含义如下。

① Group components：该选项的功能是将当前网络中连接密切的元件归为一组。排列时该组的元件将作为整体考虑，默认状态为选中。

② Rotate components：该选项的功能是根据当前网络连接与排列的需要使元件或元件组旋转方向。若未选中该选项，则元件将按原始位置放置。默认状态为选中。

③ Power nets：电源网络名称。这里将电源网络设定为 VCC。

④ Ground nets：接地网络名称。这里将接地网络设定为 GND。

⑤ Grid size：设置元件自动布局时格点间距的大小。如果格点的间距设置过大，则自动布局时有些元件可能会被挤出印制电路板的边界。这里使用系统的默认值"20mil"。

设置好元件自动布局参数后，单击对话框中的 OK 按钮，即可开始元件自动布局，此时状态栏中会显示自动布局的进程。自动布局结束后，会提示用户，单击 OK 按钮确认，元件自动布局完成。

2）手工调整元件布局

程序对元件的自动布局并不是十全十美的。我们不能完全依赖程序的自动布局，往往还要对元件布局进行手工调整，尤其是在单面板的设计中，元件布局的合理性将直接影响到布线工作是否能够完成，同时也涉及电路是否能正常工作和电路的抗干扰等问题，因此，对元件布局进行手工调整是十分必要的。对元件布局进行手工调整主要是对元件进行移动、旋转等操作，在原理图设计中已经讲过，这里不再重复。

6. 自动布线

自动布线的参数包括布线层面、布线优先级、走线（Track）的宽度、布线的拐角模式、过孔孔径类型、尺寸等，一经设定，自动布线就会依据这些参数进行。因此，自动布线的成败与好坏在很大程度上与参数的设定有关，用户必须认真考虑。

1）自动布线参数的设置

在进行自动布线之前，一项非常重要的工作就是根据设计要求设定自动布线参数，如果参数设置不当，可能会导致自动布线失败。

执行菜单命令 Design→Rules，出现设置布线参数对话框。在 Routing 选项中可对布线的各种参数进行设定。

（1）显示工作层面的设置：由于这里谈的是单面板的制作，信号层 Signal layers 只涉及底层 Bottom Layer，所以信号层只选定底层、顶层，其他信号层均不用设定。

（2）设置安全间距 Clearance Constraint。选中 Rule Classes 选项列表框中的 Clearance Constraint 选项，即可开始对安全间距进行设定。

（3）设置布线的拐角模式 Routing Corners，该项设置主要用于定义布线时拐角的形状以及最小和最大的允许尺寸。

（4）设置布线工作层面 Routing Layers，该项用于设置布线的工作层面以及各个布线层面上走线的方向。

（5）设置布线优先级 Routing Priority，布线优先级是指程序允许用户设定各个网络布线的顺序，优先级高的网络布线早，优先级低的网络布线晚。

（6）设置布线拓扑结构 Routing Topology，该项主要用于定义管脚到管脚之间布线的规则。

（7）设置过孔形式 Routing Via Style，该项用于定义各层之间过孔的类型和有关尺寸。

（8）设置布线宽度 Width Constraint，该项用于定义布线时导线宽度的最大和最小允许值。

2）自动布线

布线参数设定完毕后，就以开始自动布线了。Protel 99 SE 中自动布线的方式有很多，既可以进行全局布线，也可以对用户指定的区域、网络、元件甚至是连接进行布线，用户可以根据需要选择最佳的布线方式。

（1）全局布线：执行菜单命令 Auto Routing→All，程序即开始对整个印制电路板进行自动布线。几秒钟后，布线工作即可完成。按快捷键 End 将画面进行刷新，以便清楚地显示自动布线的结果。

（2）指定网络布线：执行菜单命令 Auto Routing→Net。

（3）指定两连接点之间布线：执行菜单命令 Auto Routing→Connection。

（4）指定元件布线：执行菜单命令 Auto Routing→Component。

（5）指定区域布线：执行菜单命令 Auto Routing→Area。

这里采用全局自动布线方式，尽管自动布线简便、快捷，但是也不难发现，自动布线的结果中有很多不尽人意或不合理的地方，这主要是由于程序算法的限制所致。因此，用户有必要在自动布线的基础上对印制电路板进行手工调整。

7. 放置工具栏各个按钮功能和相应的菜单命令

（1）绘制导线。对应的菜单命令：Place→Track。

（2）放置焊盘。对应的菜单命令：Place→Pad。

（3）放置过孔。对应的菜单命令：Place→Via。

（4）放置字符串。对应的菜单命令：Place→String。

（5）放置位置坐标。对应的菜单命令：Place→Coordinate。

（6）放置尺寸标注。对应的菜单命令：Place→Dimension。

（7）设置坐标原点。对应的菜单命令：Edit→Origin→Set。

（8）放置元件。对应的菜单命令：Place→Component。

（9）边缘法绘制圆弧。对应的菜单命令：Place→Arc(Edge)。

（10）中心法绘制圆弧。对应的菜单命令：Place→Arc(Center)。

（11）放置矩形填充。对应的菜单命令：Place→Fill。

（12）放置多边形填充。对应的菜单命令：Place→Polygon Plane。

（13）放置内部电源/接地层。对应的菜单命令：Place→Split Plane。

（14）粘贴剪贴板中内容。对应的菜单命令：Edit→Paste Special。

8. Protel 99 SE 的快捷键

Protel 99 SE 的快捷键如表 4.3.1 所示。

表 4.3.1　Protel 99 SE 的快捷键

快 捷 键	说　　　明	快 捷 键	说　　　明
F1	启动在线帮助窗口	Esc	终止当前正在进行的操作,返回待命状态
Tab	启动浮动图件的属性窗口	Delete	放置导线或多边形时,删除最末一个顶点
Page up	放大窗口显示比例	Ctrl＋Tab	在打开的各个设计文件文档之间切换
Page down	缩小窗口显示比例	Alt＋Tab	在打开的各个应用程序之间切换
End	刷新屏幕	A	弹出 Edit→Align 子菜单
Del	删除点取的元件(1 个)	B	弹出 View→Toolbars 子菜单
Ctrl＋Del	删除选取的元件(2 个或 2 个以上)	E	弹出 Edit 菜单
X＋A	取消所有被选取图件的选取状态	F	弹出 File 菜单
X	将浮动图件左右翻转	H	弹出 Help 菜单
Y	将浮动图件上下翻转	J	弹出 Edit→Jump 菜单
Space	将浮动图件旋转 90°	L	弹出 Edit→Set Location Makers 子菜单
Ctrl＋Ins	将选取图件复制到编辑区里	M	弹出 Edit→Move 子菜单
Shift＋Ins	将剪贴板里的图件贴到编辑区里	O	弹出 Options 菜单
Shift＋Del	将选取图件剪切放入剪贴板里	P	弹出 Place 菜单
Alt＋Backspace	恢复前一次的操作	R	弹出 Reports 菜单
Ctrl＋Backspace	取消前一次的恢复	S	弹出 Edit→Select 子菜单
Ctrl＋G	跳转到指定的位置	T	弹出 Tools 菜单
Ctrl＋F	寻找指定的文字	V	弹出 View 菜单
Alt＋F4	关闭 Protel	W	弹出 Window 菜单
V＋D	缩放视图,以显示整张电路图	X	弹出 Edit→Deselect 菜单
V＋F	缩放视图,以显示所有电路部件	Z	弹出 Zoom 菜单
Home	以光标位置为中心,刷新屏幕	左方向键←	光标左移 1 个电气栅格

9. SCH 元件和 PCB 元件符号

SCH 元件和 PCB 元件符号如表 4.3.2 所示。

表 4.3.2　SCH 元件和 PCB 元件符号

元　件　名	SCH 元件	PCB 元件
电阻	RES1～RES4	AXIAL0.3～AXIAL0.7
无极性电容	cap	RAD-0.1～RAD-0.4
电解电容	elctro	rb.2/.4～rb.5/1.0
电位器	pot1、pot2	vr1、vr5
二极管	Diode	diode0.4、diode0.7
集成块	—	DIP8～DIP40
整流桥	BRIDGE1、BRIDGE2	D-44、D-37、D-46
三极管	—	to 系列

【思考与习题】

1. 试述 Protel 99 SE 设计印制电路的基本步骤。

2. Wiring Tools 工具栏和 Drawing Tools 工具栏中的直线有何区别?

3. 设计单层板时,如何关闭其他板层?

4. 总线如何实现电路连接作用?

第5章 SMT概论

5.1 SMT的基础知识

1. SMT的定义

SMT是Surface Mount Technology的缩写,取各单词的第1个字母组合而成,译为表面贴装技术。

表面贴装技术是将芯片贴装在基板表面进行焊接的一种电子组装技术。

在这个SMT的定义中出现了若干用语,下面对这些用语在本书中的含义略作解释界定。

芯片(Chip)就是电子元器件,是组成各种电路的基本元素,常用的有片式电阻、片式电容、片式二极管、片式三极管、片式集成电路以及连接器等。

基板就是安装芯片的印刷电路板,简称PCB板,它是Printed Circuit Board的缩写,常用的是外观呈现布满铜箔细线电路的绿色板。

焊接就是实现芯片与基板间的机械固定和芯片与芯片间的电路连接的工艺,常用的焊料有锡膏和锡条。

贴装就是把芯片的焊端平面与基板的焊点平面进行焊接。

电子组装技术就是把电子元器件安装到PCB板上实现机械固定和电路连接的技术。SMT是其中的一种。图5.1.1所示是用表面贴装技术组装的基板,SOP、QFP和PLCC是集成电路芯片,三者之间用许多铜箔细线相连,实现电路连接和电信号传送。

SMT几乎被应用于所有的电子产品中,如计算机及机器人等智能产品,座机及手机等通信产品,数码相机及高级音响等娱乐产品。从20世纪80年代起,SMT已成为世界上最热门的新一代电子组装技术,被誉为电子组装技术的一次革命。

2. SMT的特征

SMT的最大特征就是"贴装"。各种芯片和电路导线及其焊点是在基板的同一侧表面,芯片看上去就像是被粘贴到基板表面,称这种组装形态为"贴装"。

为加深对"贴装"含义的理解,与另一种电子组装技术——通孔插装技术作比较。通孔插装技术简称THT,是Through Hole Technology的缩写。

通孔插装技术的最大特征就是"插装"。电子元器件和电路导线及焊点分别位于

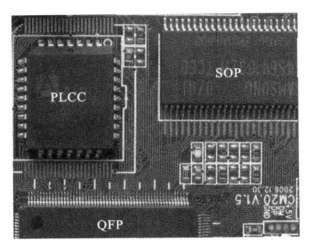

图 5.1.1　表面贴装技术组装的基板

基板的不同侧表面,电子元器件集中在基板的某一侧表面(正面),而电路导线及焊点则集中于基板的另一侧表面(背面)。基板的焊点上有通孔,电子元器件的引线插过通孔与基板背面的电路导线焊接,实现电子元器件与基板间的机械固定和电子元器件与电子元器件间的电路连接。我们称这种组装形态为"插装"。

图 5.1.2 所示是用通孔插装技术组装的基板,基板上有电阻、电容,它们的引线插过通孔与基板背面的电路导线相连,实现机械固定和电路连接。

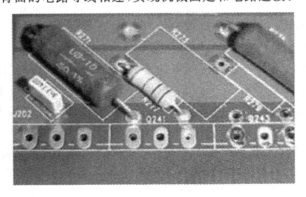

图 5.1.2　通孔插装技术组装的基板

3. SMT 的优势

1)产品小型化

贴装芯片的体积和重量只有传统插装元件的 1/10～1/5。一般采用 SMT 之后,电子产品体积缩小 40%～60%,重量减轻 60%～80%,适应了电子产品追求轻薄短小的发展方向。

2）产品成本低

贴装芯片的封装成本目前已经低于同功能、同类型的插装元件，因此贴装芯片的售价可比插装元件更低。另外，贴装芯片的引线无需像插装元件那样整形打弯剪短，因而减少了工序。据统计，表面贴装方式的加工成本低于通孔插装方式，一般可使生产总成本降低 30%～50%。

3）产品可靠性高

贴装芯片因无引线或短引线，减少了电路间的射频干扰；贴装芯片因易于焊接，大大减少了焊接失效率；贴装芯片因焊点牢固，产品更加耐振动、抗冲击。

4．SMT 生产线的组成

为了实现表面贴装，PCB 板大致要经过三个步骤，即刷锡、贴装和焊接。

完成刷锡任务的设备称为印刷机，完成贴装任务的设备称为贴装机，完成焊接任务的设备称为焊接机。可以认为，SMT 的生产线主要由印刷机、贴装机和焊接机组成，如图 5.1.3 所示。

图 5.1.3　SMT 生产线的组成

（1）印刷机的作用是把锡膏漏印到 PCB 板的焊点上，为芯片的容易焊接做准备。

（2）贴装机的作用是把芯片贴装到 PCB 板的焊点上，组装成特定功能的电子线路。

（3）焊接机的作用是把芯片与 PCB 板上的焊点牢固地粘接成一个整体，实现机械固定和电路连接。

5．SMT 的术语

表面贴装技术是新一代电子组装技术，正在不断发展和变化中，加之其主要技术及设备主要从日本、德国和美国引进，译语不一，故而同义多语、同物多词的现象不少。在这里举几例，以期在阅读同类资料时有所帮助。

Surface Mount Technology（SMT）译为表面贴装技术、表面组装技术或表面安装技术。

Screen Printer 译为印刷机或丝印机。

Chip Mount 译为贴装机、贴片机或实装机。

Reflow Solder 译为回流焊机或再流焊机。

Soldering Paste 译为焊膏，或称焊锡、焊锡膏。

5.2　SMT 的历史和现状

1．SMT 国外概况

美国是世界上 SMT 起源的国家，从 20 世纪 60 年代起就开始使用 SMT，并一直重视在投资类电子产品和军事装备领域发挥 SMT 的高组装密度和高可靠性能方面的优势,具有很高的水平。

日本在 20 世纪 70 年代从美国引进 SMT 技术应用在消费类电子产品领域,从 20 世纪 80 年代中后期起加速了 SMT 在产业电子设备领域中的全面推广应用。由于投入巨资大力加强基础材料、基础技术和推广应用方面的开发研究工作,日本很快超过了美国,在 SMT 方面处于世界领先地位。

欧洲各国 SMT 的起步较晚,但这些国家重视发展并有较好的工业基础,发展速度也很快,其发展水平仅次于日本和美国。20 世纪 80 年代以来,亚洲的新加坡、韩国也不惜投入巨资,纷纷引进先进技术,使 SMT 获得较快的发展。

到 2010 年,全球范围插装元器件的使用率仅为 10% 左右,与此同时,贴装元器件的使用率将会占到 90% 左右。

2．SMT 国内概况

20 世纪 80 年代以来,中国香港地区和中国台湾地区等投入巨资引进 SMT。我国大陆 SMT 的应用起步于 20 世纪 80 年代初期,最初从美国、日本等国成套引进了 SMT 生产线用于彩电调谐器生产,随后应用于录像机、摄像机及袖珍式高档多波段收音机、随身听等生产中,近几年在计算机、通信设备、航空航天电子产品中也逐渐得到应用。

据 2000 年不完全统计,我国大陆约有 40 多家企业从事表面贴装元器件的生产,全国约有 300 多家引进了 SMT 生产线,不同程度地采用了 SMT 技术,全国已引进 4000~5000 台贴装机。随着改革开放的深入以及加入 WTO 影响,近两年,美国、日本、新加坡和我国台湾地区的一些企业已将 SMT 加工厂搬到了中国内地,仅 2001 至 2002 一年就引进了 4000 余台贴装机。我国将成为 SMT 世界加工厂的基地,发展前景广阔。

【思考与习题】

1．SMT 的英文全称是什么?

2．表面贴装技术的定义是什么?

3．电子组装技术的定义是什么?

4．表面贴装技术的最大特征是什么?

5．通孔插装技术的最大特征是什么?

6．表面贴装技术与通孔插装技术相比有何优势?

7．SMT 生产线主要由哪三部分组成?

8．SMT 起源的国家是日本吗?

第6章 表面贴装的刷锡技术

6.1 印刷机的基础知识

把锡膏印刷到 PCB 板的每个焊点上,这个步骤称为刷锡,而实现刷锡的技术叫做刷锡技术。印刷机是实现刷锡技术的主要设备,从低到高分为 3 个挡次,即手动、半自动和全自动。手动是指 PCB 的进板、刷锡、出板都靠人工完成。半自动是指 PCB 的进板和出板靠人工完成,而刷锡是自动完成。全自动是 PCB 的进板、刷锡、出板都是自动完成。无论采取何种方式,刷锡的基本原理是相同的。图 6.1.1 所示为国产半自动印刷机。

1. 刷锡的四要素

(1) PCB 板是指按产品电路图加工好的 PCB 板产品。

(2) 漏印模板是指按产品电路图加工好的漏印模板。常用 0.15 mm 厚的不锈钢薄板,按照 PCB 板的各焊点位置,镂空成大小与各焊点一致的孔穴。图 6.1.2 所示即为漏印模板被镂空成的孔穴。

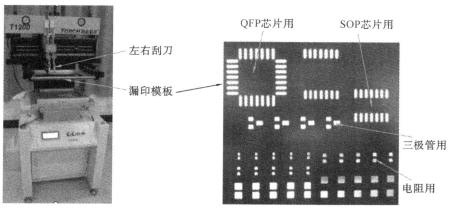

图 6.1.1 国产半自动印刷机   图 6.1.2 漏印模板被镂空成的孔穴

(3) 锡膏是膏状流体,带有一定黏性。

(4) 刮刀呈长条形,其长度一般为 PCB 板的长度(印刷方向)再加上 50 mm 左右。

2. 刷锡的基本原理

首先,把开好孔穴的漏印模板用金属框架绷紧。然后,将 PCB 板装入漏印模板的下方,进行调位,使漏印模板与 PCB 板表面接触并使漏印模板的各孔穴与 PCB 板的各焊点对准。第三,把锡膏放在漏印模板上。第四,用刮刀把锡膏从漏印模板的一端推向另一端(常又推回来)。这样,锡膏在刮刀的推压力下,通过漏印模板的孔穴,被印刷(漏印)到 PCB 板的各焊点上。最后,漏印模板与 PCB 板脱离(漏印模板上升或 PCB 板下降),刷锡过程完成。

6.2　基板的基础知识

基板就是安装芯片的 PCB 板,常用的是外观呈现布满铜箔细线电路的绿色板。PCB 板的种类很多,这里仅介绍常用基板。

1. 环氧树脂玻璃纤维基板

这种基板由环氧树脂和玻璃纤维布组成,单面或双面敷上铜箔层,故俗称敷铜板。环氧树脂和玻璃纤维均是绝缘材料。制作时,把环氧树脂渗透到玻璃纤维布中,并加入黏合剂、阻燃剂等。由于环氧树脂的韧性好而玻璃纤维的强度高,故环氧树脂玻璃纤维基板具有良好的韧性和强度。

2. 聚酰亚胺树脂玻璃纤维基板

这种基板由聚酰亚胺树脂和玻璃纤维布组成,单面或双面敷上铜箔层,具有良好的柔性和刚性。特别是在高温下,这种基板的强度和稳定性优于环氧树脂玻璃纤维基板,常用于可靠性要求高的航天及军工产品中。

基板有个很重要的指标称做玻璃化转变温度 T_g(Glass Transition Temperature)。处在 T_g 温度的基板呈现出既硬又脆的状态,类似玻璃,因而得名。温度超过 T_g 时,基板会变软,呈现出橡胶状态,此时基板的机械强度急剧下降。当用波峰焊机或回流焊机对基板进行焊接时,为使焊锡熔融,焊接温度通常要达到 220℃左右。如果基板的玻璃化转变温度 T_g 远远低于 220℃,则焊接时基板将呈现出橡胶状。橡胶状的基板会因难承受贴装芯片的重量而变形。这种热变形会随后继工序的冷却又向原状回复,从而产生应力。应力作用在焊点上可能导致芯片脱焊,严重时会使芯片损坏。

因此,选择基板时,基板的玻璃化转变温度 T_g 应尽可能接近焊接温度(如 220℃左右)。

作为参考,环氧树脂玻璃纤维基板的玻璃化转变温度 T_g 是 125℃,聚酰亚胺树脂玻璃纤维基板的玻璃化转变温度 T_g 是 250℃,显然后者好于前者。

6.3　焊膏的基础知识

焊膏(soldering paste)又称焊锡、焊锡膏,是一种焊接材料,呈浆状或膏状,便于印刷机漏印到 PCB 板上。焊膏具有一定力度的黏性,贴装在 PCB 板上的芯片被焊膏的黏力粘住,只要 PCB 板的倾斜角度不大或无外力碰撞,芯片一般不会移动位置。

1. 焊膏的组成

焊膏主要由合金焊料粉末和焊剂组成,混合比例为合金焊料粉末约占 90%,焊剂约占 10%。

合金焊料粉末,是焊接的主要材料。其主要作用是把芯片与 PCB 板上的焊点连接成一个整体,实现机械固定和电路连接。合金焊料可分为锡铅(Sn-Pb)合金,锡铅银(Sn-Pb-Ag)合金,锡铅铋(Sn-Pb-Bi)合金等。合金比例的不同会导致焊膏的熔点温度不同。锡铅(Sn-Pb)合金的比例为 63% : 37%(记为 Sn63/Pb37)时,熔点温度是 183℃;锡铅银(Sn-Pb-Ag)合金的比例为 62% : 36% : 2%(记为 Sn62/Pb36/Ag2)时,熔点温度是 179℃。

合金焊料有个缺点,即在高温下容易与空气中的氧气产生化学反应生成氧化物,在合金焊料表面形成黑色残渣。这个黑色残渣夹杂在焊点中会造成虚焊。防止虚焊的方法是使用焊剂。

焊剂也称助焊剂,是焊接的辅助材料。其主要作用是除去焊接表面的氧化物,防止虚焊。松香是常用的焊剂,它性能优良,除具有去掉焊接表面的氧化物的特性外,还能绝缘、耐湿、长期稳定,并无毒性和腐蚀性。

为了得到更好的焊接效果,常常往焊剂中添加其他的成分,如粘接剂、溶剂等。回流焊接机使用糊状的焊剂,为使芯片与 PCB 板上的焊点具有更强的黏性,可往焊剂中添加聚丁烯这样的粘接剂。波峰焊接机用液态的焊剂,为使焊剂的固体成分易于溶解,可往焊剂中添加乙醇这样的溶剂。

2. 焊膏的新动态

焊膏成分中含有一定比例的铅,而铅是对人体有害的金属,主要伤害人的神经系统、造血系统和消化系统。电器产品的快速升级换代,使大量的旧电器产品被废弃,残留在 PCB 板上的铅,处理不当就会造成环境污染。因此,许多国家纷纷限制含铅焊膏的使用,并积极研制和使用无铅焊膏。

2000 年 1 月起,美国正式向工业界推荐使用无铅焊膏。

2004 年 1 月起,日本规定必须使用无铅焊膏。

2006 年 7 月起,欧盟组织规定在欧洲市场上,必须销售无铅的电子产品。

我国也积极推进电子产品的无铅化。2003 年 3 月,拟定了《电子信息产品生产污染防治管理办法》,规定从 2006 年 7 月起,国家重点监管的电子信息产品不能含有铅。

目前,无铅焊膏主要采用无毒合金,成分是以锡(Sn)为主,添加银(Ag)、铜(Cu)等金属元素。市场使用最多的配比为 Sn96.3/Ag3.2/Cu0.5。虽然无铅焊膏的研究取得了很大进展,但是,各方面的性能并未达到都优于传统锡铅(Sn-Pb)合金焊膏的程度。

【思考与习题】

1. 印刷机刷锡的基本原理是什么?

2. PCB 的英文全称是什么?

3. 什么是基板的玻璃化转变温度 T_g?

4. 焊膏主要由哪两部分组成?各自比例是多少?

5. Sn63/Pb37 型有铅焊膏的熔点温度是多少?

6. 合金焊料主要有什么缺点?

7. 松香是常用的焊剂,其主要作用是什么?

8. 为什么要推广无铅焊膏?

第7章 表面贴装的贴装技术与焊接技术

7.1 贴片机的基础知识

印刷机把 PCB 板上各焊点刷锡后,下一道工序就要将芯片贴装到 PCB 板上。完成贴装的机器叫做贴片机。贴片机根据自动化程度的高低可分为手动贴片机和自动贴片机两类。

1. 手动贴片机

手动贴片机的结构简单,价格低廉(1 台约 5 万元人民币),常用于贴片环节的教学示范,也可作为 SMT 自动生产线的补充手段,在出现漏焊、虚焊时使用。

图 7.1.1 所示是一款带有高精度视频的手动贴片机。

图 7.1.1　高精度视频的手动贴片机

手动贴片机完成贴片主要有三个动作,即吸取、对中和贴放。

1) 手动吸取

吸取就是把芯片吸附在吸嘴上,目的是把芯片移动定位到 PCB 板的贴装位置上方。

贴片机用贴头(Head)和吸嘴(Nozzle)来完成对芯片的吸取。吸嘴插到贴头的下方,不同的芯片需用不同大小的吸嘴。吸取小芯片时就向贴头插装小吸嘴,而吸取大芯片时就向贴头插装大吸嘴。吸嘴在结构上有上下通透的中空孔。中空孔的一端插入贴头,另一端紧吸芯片。贴头里装有真空换向阀,当要吸取芯片时打开真空换向阀,使吸嘴内的空气通过中空孔被吸走而形成真空状态。这样,吸嘴外围的大气压力就大于吸嘴内部的真空压力,芯片就在外部空气的压力作用下被吸起,如图 7.1.2 所示。

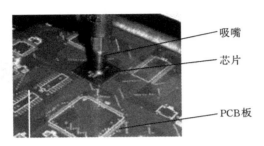
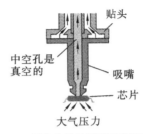

（a）芯片在外部空气的压力作用下被吸起　　　（b）吸取芯片的原理示意图

图 7.1.2　手动吸取

2）手动对中

对中就是芯片的中心点与贴装位置的中心点对准重合，使芯片的各焊端与 PCB 板上相应位置的各焊点对准重合的过程。

图 7.1.1 所示是高精度视频手动贴片机，其芯片对中过程通过显示器进行，可以边观察边用手工微调。贴头既可实现 X、Y 方向的平移调整，平移精度可达 2 μm（0.002 mm），也可实现角度方向的旋转调整，旋转精度可达 $2''$。这样的精密调节，可保证芯片对中的高精度要求。对中的好坏用贴装精度来衡量，贴装精度是衡量贴片机好坏的最重要的指标。

贴装精度是指芯片贴装后的位置相对于 PCB 板上标准位置的偏移量的大小。偏移量越小表明贴装精度越高，一般要求贴装精度达到 ±0.06 mm 以上。

图 7.1.3 表示了影响贴装精度的两种偏移量，即 X、Y 方向的平移误差和角度方向的旋转误差。

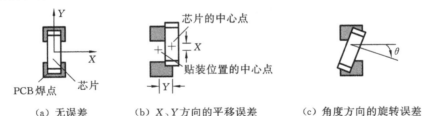

（a）无误差　　　　　（b）X、Y 方向的平移误差　　　　（c）角度方向的旋转误差

图 7.1.3　X、Y 方向的平移误差和角度方向的旋转误差

3）手动贴放

贴放就是把对中好的芯片贴到 PCB 板上的相应位置。把吸头下降，使芯片贴到 PCB 板表面，并给予恰当压力，使芯片焊端有 1/2 的厚度浸入焊点的焊膏中。此时，关闭吸头的真空换向阀，使吸嘴内的真空状态失效变成通常的大气状态，从而使吸嘴外围的大气压力与吸嘴内部的大气压力一样，吸嘴失去吸力。同时，由于焊膏的黏力，芯片就被粘在 PCB 板表面，然后吸头上升准备做下一次吸取。

要注意的是，贴装压力不能过大，否则会造成焊膏的挤出量过多，形成焊点与焊点间的桥接现象,产生电路连接错误。

2. 自动贴片机

自动贴片机的结构复杂,价格昂贵(1 台约 1 百万元人民币),常用于基板贴装的大量生产中,如贴装计算机的主板等。自动贴片机是一种具有机械手的机器人,是集机电光软为一体的高精尖技术产品(机是指精密机械,电是指复杂电路,光是指光学识别,软是指控制软件)。我国目前因贴装精度等技术不过关,还不能独立制造实用型的自动贴片机。目前国内常见的自动贴片机一般是日本、德国、美国的产品。

图 7.1.4 所示是一款日本产的自动贴片机。

图 7.1.4　日本产的自动贴片机

自动贴片机的贴装原理与手动贴片机相同,它完成贴片也主要有三个动作,即吸取、对中和贴放,只不过,这些动作是自动完成的。

为了实现自动贴片,增加了相应设备。

1) 自动吸取

自动吸取增加了供料器(Feeder)设备,常用的是带式供料器(Tape Feeder)、盘式供料器(Tray Feeder)和杆式供料器(Stick Feeder)等。这些供料器能根据控制软件给出的指令,把芯片送到吸取位置上,供贴头吸取。

2) 自动对中

自动对中增加了对中设备,常用的是基板识别相机(PCB Camera)和芯片识别相机(Chip Camera)。

基板经传送带送到贴装台时,会产生 X、Y 方向的平移误差和角度方向的旋转误差,称为基板定位偏移量。为了精确计算基板定位偏移量的大小,可使用基板识别相机。基板识别相机位于基板的上方,从上往下照射基板的识别标志,以获得偏移量。基板的识别标志常用铜箔做成直径为 1 mm 左右的实心圆点(识别标志也有 1 mm 左右的正方形或三角形)。

另一方面,贴头吸取芯片时,贴头中心点往往偏离芯片的中心点,也会产生 X、Y 方向的平移误差和角度方向的旋转误差,称为芯片吸取偏移量。为了精确计算芯片吸取偏移量的大小,可使用芯片识别相机。芯片识别相机位于贴头的下方,从下向上照射被贴头吸取的芯片,以获得偏移量。

计算出基板定位和芯片吸取偏移量后,需要补正贴头的移动位置,这时贴头移动并旋转,最终使芯片的中心点与贴装位置的中心点对准重合,保证了芯片的各焊端与 PCB 板上相应位置的各焊点对准重合。

3)自动贴放

在贴头上增加了升降侍服电机和压力传感器设备。升降侍服电机能使贴头上下精确移动,而压力传感器能使芯片贴到 PCB 板表面的压力适当。

4)连续贴装

一个芯片的贴装需要做吸取—对中—贴放这三个动作,那么,一块基板上要贴装 N 个芯片,就要把吸取—对中—贴放这三个动作重复 N 次。把不间断的 N 次贴装叫做连续贴装。为了实现连续贴装,需要把每个芯片贴装位置的中心点等信息告诉贴片机。表 7.1.1 是常用的连续贴装的信息格式。

表 7.1.1　连续贴装的信息格式

芯片序号	X 坐标/mm	Y 坐标/mm	贴装角度/(°)	芯片名称	注　　释
1	100.000	25.000	90	R3-1.2k	2012R
2	120.200	25.400	0	R4-5.6k	2012R
3	140.030	25.060	−90	IC1-SC1088	SOP16pin
...	...	...	...	...	...
100	100.001	50.001	45	C2-0.01μF	2012C

芯片序号表示要连续贴装的芯片的个数,单位是正整数。表 7.1.1 表示了要把 100 个芯片连续贴装到一块基板上。

X 坐标和 Y 坐标表示了芯片的贴装位置的中心点,简称贴装坐标,单位是毫米(mm),精确度可达 0.001 mm。例如,芯片 R3-1.2k 的贴装坐标是(100.000,25.000),贴片机就会把芯片 R3-1.2k 贴装到横向坐标 $X = 100.000$mm,纵向坐标 $Y = 25.000$ mm 的交叉点上。

贴装角度表示了芯片贴装到基板上的摆放角度,单位是°。例如,芯片 R3-1.2k 是以正 90°摆放在基板上的。贴装角度的定义依据不同厂家会有不同。总之,同一个芯片根据电路设计,既可以横着摆放在基板上,也可以竖着摆放在基板上,还可以斜着摆放在基板上,贴装角度就表示了这类摆放状态。

芯片名称是任意命名的符号,表示具有一定意义的实体芯片,单位是字符串。例如,R3-1.2k 表示基板上 R3 的位置是 1.2 kΩ 电阻。

注释表示需注意的地方。例如,2012R 表示 R3-1.2k 芯片的尺寸是长 2.0 mm、宽 1.2 mm 系列的电阻。

7.2　表面贴装芯片的基础知识

表面贴装芯片的结构基本上是片状结构,以便表面贴装。常用的有片状电阻、片状电容、片状二极管、片状三极管和片状集成电路。

1.　片状电阻

片状电阻的形状是扁形长方体,图 7.2.1 所示为片状电阻。

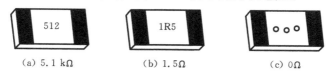

（a) 5.1 kΩ　　　　　（b) 1.5Ω　　　　　（c) 0Ω

图 7.2.1　片状电阻

1) 外形尺寸

片状电阻常用四位数字代号来表示其外形尺寸,前两位数字表示长度,后两位数字表示宽度。例如,2012R 的片状电阻,其长度为 2.0 mm、宽度为 1.2 mm,后缀 R 表明是电阻。

片状电阻就是根据外形尺寸的大小划分成几个系列的,常见的有 3216R 系列、2012R 系列、1608R 系列、1005R 系列和 0603R 系列。每个系列都可以提供电阻值繁多的片状电阻。从系列命名也可看出,片状电阻越来越小型化,0603R 系列的片状电阻长度仅 0.6 mm,宽度只有 0.3 mm,小到连肉眼都难辨认。

这里特别要提示的是,目前片状电阻系列命名的外形尺寸有两种制式,公制（mm）和英制（in）,本文采用公制。日本公司的产品一般采用公制,而欧美公司的产品一般采用英制。由于大量使用国外的产品,我国既采用公制也采用英制,两者的换算关系是 1 in＝2.54 cm＝25.4 mm。这样一来,同一个系列的片状电阻就有两个名字,例如,1608（公制）/0603（英制）。若不说明,有时会混淆而分辨不清,例如,0603系列,按公制理解,长度为 0.6 mm、宽度为 0.3 mm,而按英制理解,换算成公制则长度为 1.6 mm、宽度为 0.8 mm,结果完全不同。为了便于区分,给出公制/英制外形尺寸对照表（表 7.2.1）。

表 7.2.1　公制/英制外形尺寸对照表

公制/英制 系列	长度 L/(mm/in)	宽度 W/(mm/in)	厚度 T/(mm/in)
3216/1206	3.2/0.12	1.6/0.06	0.6/0.024
2012/0805	2.0/0.08	1.2/0.05	0.5/0.020
1608/0603	1.6/0.06	0.8/0.03	0.45/0.018
1005/0402	1.0/0.04	0.5/0.02	0.35/0.014
0603/0201	0.6/0.02	0.3/0.01	0.25/0.010

2) 电阻值的表示

3216R 系列、2012R 系列和 1608R 系列一般在芯片表面印有 3 位数字，前 2 位是有效位，第 3 位是 10 的次方幂，单位是欧姆（Ω）。例如，512 表示的电阻值是 5100 Ω＝5.1 kΩ；1R5 表示的电阻值是 1.5 Ω；000 表示的电阻值是 0 Ω（跨接电阻做导通用）。

1005R 系列、0603R 系列的芯片太小，表面不印数字，电阻值印在装芯片的大圆盘的标签上。

2．片状电容

片状电容的外形、尺寸以及电容值的表示与片状电阻基本一样，只不过用后缀 C 来表明是电容，常见的有 3216C 系列、2012C 系列、1608C 系列、1005C 系列和 0603C 系列。电容值也用表面印有的 3 位数字表示，单位是皮法拉（pF）。例如，163 表示的电容值是 16000 pF ＝0.016 μF。

3．片状二极管和三极管

片状二极管一般采用 2 引线或 3 引线，引线分布在本体两侧并向外伸展，类似翅膀的形状，故称翼形引线。片状二极管典型的外形尺寸是长度为 3.0 mm，宽度为 1.5 mm，厚度为 1.1 mm。引线的长度为 0.6 mm，宽度为 0.4 mm，厚度为 0.15 mm。

片状三极管一般采用 3 条或 4 条翼形引线，有 SOT-23、SOT-29 等几种系列产品，SOT(Short Outline Transistor)是短引线晶体管之意。片状三极管典型的外形尺寸是长度为 6.5 mm，宽度为 5.5 mm，厚度为 2.3 mm。引线的长度为 2.0 mm，宽度为 1.0 mm，厚度为 0.5 mm，引线（电极）间的间距为 2.3 mm。片状二极管和片状三极管如图 7.2.2 所示。

　　　（a）片状二极管　　　　　　　（b）片状三极管

图 7.2.2　片状二极管和片状三极管

4．片状集成电路

片状集成电路按封装形式主要可分为 SOP、QFP、PLCC、BGA 等系列。所谓集成电路封装，是指包装集成电路裸芯的外壳及引出端。外壳起着固定安放、密封保护集成电路裸芯的作用，引出端起着连接集成电路裸芯与外部电路的作用。

1) SOP

SOP 是 Short Outline Package 的缩写，意为短引线封装。图 7.2.3 所示为 SOP 芯片，它是显卡板上使用的显存颗粒，其外形特征是翼形引线从扁形长方体的两侧引出。引线间距有 1.27 mm、1.0 mm、0.8 mm、0.65 mm 和 0.5 mm 等。SOP 常用于随机存储器(RAM)、网卡等。

图 7.2.3　SOP 芯片

IC 芯片的某边角处记有圆点(凹坑或缺口等)标识,该边的左下角第 1 条引线即为集成电路的第 1 引线,再以逆时针方向依次计为第 2、3、4、…、n 条引线。贴装 IC 芯片时须确保第 1 引线与 PCB 板上相应印刷标识(斜口、圆点、圆圈或 1)的第 1 引线对准。

2) QFP

QFP 是 Quad Flat Package 的缩写,意为四方形扁平封装。其外形特征是翼形引线从扁形四方体的四侧引出。引线间距有 1.27 mm、1.0 mm、0.8 mm、0.65 mm 和 0.5 mm 等几种,最小极限值是 0.3 mm。QFP 常用于大规模集成电路。图 7.2.4 所示芯片是 DVD 的主控芯片。

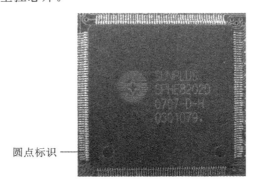

图 7.2.4　QFP 芯片

3) PLCC

PLCC 是 Plastic Leaded Chip Carrie 的缩写,意为宽脚距塑料封装。其外形特征是 J 形引线从扁形四方体的四边引出。所谓 J 形引线,是引线绕到四方体的背面向内钩回,其状似字母 J,故而得名。PLCC 引线间距是 1.27 mm,常用于可编程存储器(EPROM)。图 7.2.5 所示芯片是可编程存储器。

4）BGA

BGA 是 Ball Grid Array 的缩写，意为球栅阵列封装。其外形特征是引线从芯片的背面引出并以球形矩阵状态分布。引线间距有 1.27 mm、1.0 mm、0.8 mm、0.65 mm、0.5 mm、0.4 mm 和 0.3 mm 等几种。BGA 常用于计算机中的 CPU，图 7.2.6 所示 BGA 芯片就是计算机中的 CPU。

图 7.2.5　PLCC 芯片

图 7.2.6　BGA 芯片

7.3　回流焊机的基础知识

目前，焊接机主要有回流焊机和波峰焊机两类。下面主要介绍回流焊机的有关知识。

1. 回流焊原理

回流焊是英文 Reflow Soldering 的直译，也称再流焊，主要用于表面贴装芯片的焊接。

回流焊原理就是用适度高温让基板上各焊点的焊锡熔化而再度流动润湿后进行冷却，使芯片的焊端与基板的焊点牢固地粘接成一个整体，实现机械固定和电路连接。

所谓适度高温，是指超过焊锡熔点 25% 左右的温度。例如，Sn63/Pb37 类型的焊锡，其熔点温度是 183℃，则适度高温约为 230℃。

所谓流动润湿，是指液态焊锡对基板的焊点、芯片的焊端进行回流扩散，使得液态焊锡的原子渗透（润湿）到焊点焊端的铜材内。

2. 热风对流回流焊机

回流焊机主要有热板传导、红外辐射、热风对流等几种。这里，只介绍热风对流回流焊机，图 7.3.1 所示是一款国产的热风对流回流焊机。其主要技术参数如表 7.3.1所示。

所谓热风对流回流焊，是指使用加热器进行加热升温，并利用对流风扇强制热流

表 7.3.1　国产热风对流回流焊机的主要技术参数

项　目	参数和说明
温区数目	6,上 3 下 3
温度准确度	±2℃
温度范围	0～360℃
升温时间	25 min
发热来源	全热风对流方式

图 7.3.1　国产热风对流回流焊机

动循环,使芯片焊端和基板焊点的焊锡熔化,产生润湿效应,然后进行冷却从而实现焊接。图 7.3.2 所示是热风对流回流焊机的原理图。

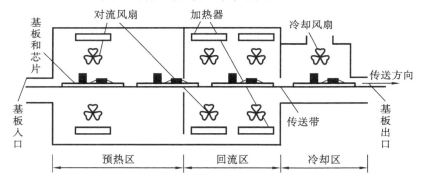

图 7.3.2　热风对流回流焊机的原理图

基板随着传送带的滚动,依次通过 3 个温区——预热区、回流区、冷却区,完成焊接,全过程需 3～4 min。

1) 预热区

预热区的作用有两个。一是将基板的温度从室温逐步提升到接近焊锡熔点的温度,以避免基板突然进入高温的回流区而产生芯片龟裂现象;二是保持这个温度一段时间,使焊锡中的焊剂发挥活性作用,以除去焊点焊端表面的氧化层。

预热区的起点是室温,终点是焊锡熔点温度。

对 Sn63/Pb37 类型的焊锡而言,其熔点温度是 183 ℃,故温度以每秒 2～5 ℃的速度连续上升到 150～160 ℃(活性温度)为宜,并保持 60～90 s(根据不同划分,这段温度的保持时间称为保温区,也称活性区)。预热区一般占整个加热通道长度的60％～80％,基板通过时间 110～140 s。

2) 回流区

回流区的作用是,将基板的温度从预热区温度提升到峰值温度(超过焊锡熔点温度的 15％～25％),保持峰值温度一段时间,以保证焊锡完全熔化而再度流动,润湿基板焊点及芯片焊端。

回流区的起点是焊锡熔点温度,终点是峰值温度下降后到达的焊锡熔点温度。

对 Sn63/Pb37 类型的焊锡而言,其熔点温度是 183 ℃,故峰值温度 210～230 ℃,一般峰值温度的保持时间短于 10 s。回流区一般占整个加热通道长度的 20%～40%,基板通过时间为 50～90 s。

3) 冷却区

冷却区的作用是,将基板的温度从焊锡熔点温度迅速下降,使焊锡凝固形成焊点,完成焊接。

冷却区的起点是焊锡熔点温度,终点是室温。

3. 温度曲线

基板从回流焊机的入口进,在某一段时间内,依次通过温度不同的预热区、回流区、冷却区,到达出口完成焊接。若把时间作为横坐标(X),温度作为纵坐标(Y),描绘焊接过程的温度变化,就形成了一条曲线,称为温度曲线,如图 7.3.3 所示为回流焊机的温度曲线。

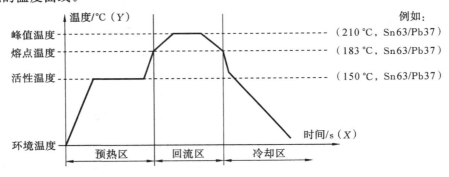

图 7.3.3　回流焊机的温度曲线

温度曲线是决定回流焊接质量的关键。一般回流焊机的厂家会在产品说明书中给出理想温度曲线,用户可边调整各种参数,边焊接基板,反复多次,最终得到符合实际的理想温度曲线。常常借助由温度测试仪和热电偶及专用软件组成的系统来调整各种参数。

各种参数中最关键的是传送带速度和温区温度设定。传送带速度决定基板通过各个温区的时间,温区温度设定决定基板通过各个温区时所得到的温度。

【思考与习题】

1. 手动贴片机或自动贴片机完成贴片主要有哪三个动作?

2. 贴片机的贴装精度一般要求达到什么标准?

3. 什么是自动贴片机的连续贴装?

4. 1005R 系列以及 1005C 系列芯片的外形尺寸是多少?

5. SOP 和 QFP 芯片的第 1 引线如何识别?

6. PLCC 和 BGA 芯片的外形特征是什么?

7. 回流焊的原理是什么?

8. 回流焊的适度高温如何计算?

9. 什么是回流焊的流动润湿?

10. 回流焊机有哪三个温区? 各起什么作用?

11. 热风对流回流焊机的原理图是怎样的?

12. 决定回流焊焊接质量的关键是什么?

第8章 SMT实训:迷你型FM 收音机的组装

8.1 SMT 实训的目的

(1) 体验 SMT 三道主要工序(刷锡、贴装、焊接)的技术特点。掌握半自动化设备,如刷锡机、贴片机、焊接机(主要是回流焊机)的操作方法。

(2) 体验通孔插装 THT 三道主要工序(插装元件上锡、基板焊点上锡、元件与基板焊接)的技术特点。掌握手工焊接设备,如电烙铁的操作方法。

(3) 体验基板一面全是贴装而另一面全是插装的电子工艺组装流程。

8.2 SMT 实训的产品特点

(1) 迷你型 FM 收音机的芯片和元器件约 50 个。

(2) 迷你型 FM 收音机的基板,反面全是贴装芯片,而正面全是插装元器件。

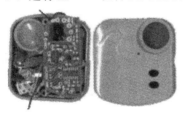

图 8.2.1　迷你型 FM 收音机

(3) 迷你型 FM 收音机采用电调谐单片集成电路,调谐方便、准确。

(4) 接收频率为 87～108 MHz,较高接收灵敏度。

(5) 内设静噪电路,抑制调谐过程中的噪声。

(6) 外形小巧,仅有 $6×5$ cm^2,便于随身携带(见图 8.2.1)。

(7) 电源范围为 1.8～3.5 V,多节充电电池(1.2 V)和一次性电池(1.5 V)均可工作。

8.3 电 路 原 理

迷你型 FM 收音机电路的核心是单片收音机集成电路 SC1088。它采用特殊的低中频(70 kHz)技术,外围电路省去了中频变压器和陶瓷滤波器,使电路简单可靠,调试方便。

SC1088 各引脚功能以及电路原理的详细说明，请参阅附录 A（FM 收音机的电路原理）。

8.4　SMT 实训流程

SMT 实训（迷你型 FM 收音机）的操作流程如图 8.4.1 所示。

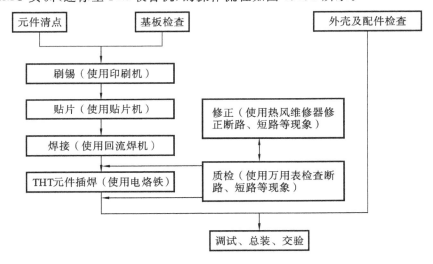

图 8.4.1　SMT 实训的流程

1. 元件清点

1）贴片元件清点

贴片元件共有 23 个，各名称见表 8.4.1。其中，序号栏的编号就是实际组装时的顺序号，例如，序号 1 就表示贴片电容 C1 是第 1 个组装，序号 10 就表示贴片电阻 R3 是第 10 个组装，其余以此类推。

表 8.4.1　FM 收音机贴片元件清单

组装顺序	类　型	名　称	规格（型号）	位号	数量/个	备　注
1		贴片电容	222	C1	1	—
2		贴片电阻	153	R1	1	包装标志：15 kΩ
3	贴片元件	贴片电容	104	C2	1	—
4		贴片电阻	154	R2	1	包装标志：150 kΩ
5		贴片电容	221	C3	1	—

组装顺序	类 型	名 称	规格（型号）	位号	数量/个	备 注
6		贴片三极管	9014	VT3	1	注意极性,包装标志:13(或 J3)
7		贴片电容	331	C4	1	
8		贴片三极管	9012	VT4	1	注意极性,包装标志:12(或 2T1)
9		贴片电容	221	C5	1	—
10		贴片电阻	122	R3	1	包装标志:1.2 kΩ
11		贴片电容	332	C6	1	—
12		贴片集成芯片	SC1088	IC	1	注意第 1 引线位置
13		贴片电容	181	C7	1	—
14	贴片元件	贴片电容	681	C8	1	—
15		贴片电阻	562	R4	1	包装标志:5.6 kΩ
16		贴片电容	683	C9	1	—
17		贴片电容	104	C10	1	—
18		贴片电容	223	C11	1	—
19		贴片电容	104	C12	1	—
20		贴片电容	471	C13	1	—
21		贴片电容	33	C14	1	—
22		贴片电容	82	C15	1	—
23		贴片电容	104	C16	1	—

　　各贴片元件的实物及外包装,见图 8.4.2。该图与表是一一对应的,即也是按组装顺序把贴片元件从左到右,再从上至下摆放的。实物外包装上的数字是该贴片元件的规格,即量值。例如,序号 1 的贴片电容 C1 的规格是 222,表示 C1 的电容量＝22×100 pF＝2200 pF＝0.0022 μF,序号 10 的贴片电阻 R3 的规格是 122,表示 R3 的电阻值＝12×100 Ω＝1200 Ω＝1.2 kΩ。

　　因此,在清点贴片元件个数及实物是否相符的同时,要按图 8.4.2 的顺序摆放。这样,既方便于当前的元件清点,又利于后继的组装。

　　2) 插装元件清点

　　插装元件共有 18 个,各名称见表 8.4.2。其中序号栏的编号就是实际组装时的顺序号,例如,序号 24 就表示电位器 51RP 是第 24 个组装,序号 35 就表示空芯电感 70nH5 圈是第 35 个组装,其余以此类推。

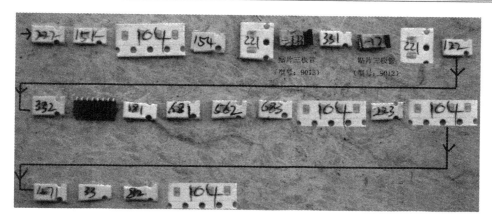

图 8.4.2　FM 收音机贴片元件实物及安装顺序

表 8.4.2　FM 收音机插装元件清单

组装顺序	类型	名　称	规格（型号）	位号	数量/个	备　注
24		电位器	51 kΩ	RP	1	注意电位器与 PCB 板平面平齐
25		耳机插座	Φ3.5	XS	1	注意焊锡时间，防止塑胶融化变形
26		轻触开关	6×6 二脚	S1、S2	各 1	注意焊锡时间，防止塑胶融化变形
27		跨接线	元件引线	J1、J2	2	可以选择用剪下的元件引线
28		变容二极管	BB910	VD1	1	面对梯形窄边，右侧为正极
29		插件电阻（浅灰色）	681	R5	1	—
30		插件电容	332	C17	1	—
31		插件电容	223	C19	1	—
32	插装元件	磁环（珠）电感	—	L1	1	防止空焊、虚焊
33		色环电感（绿色）	—	L2	1	
34		空芯电感	78nH8 圈	L3	1	8 匝空芯线圈
35		空芯电感	70nH5 圈	L4	1	5 匝空芯线圈
36		电解电容	100μF Φ6×6	C18	1	贴着 PCB 板安装
37		发光二极管	LED	VD2	1	注意高度（11 mm）和极性（长脚为正极，短脚为负极）
38		电源线 1	红线	J3	1	注意正负连线的颜色。红线接"＋"
39		电源线 2	黄线	J4	1	黄线接"－"

各插装元件的实物,见图 8.4.3。该图是按组装顺序把插装元件从左到右,再从上至下摆放的。

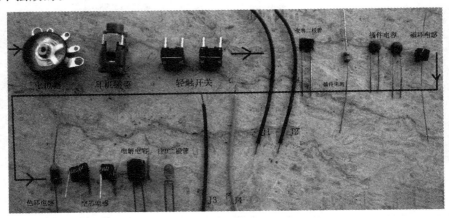

图 8.4.3　FM 收音机插装元件实物及安装顺序

因此,在清点插装元件个数及实物是否相符的同时,要按图 8.4.3 的顺序摆放。这样,既方便当前的元件清点又利于后继的组装。

3) 外壳及配件清点

外壳及配件有 12 个,各名称见表 8.4.3。其中序号栏的编号就是实际组装时的顺序号。

表 8.4.3　FM 收音机外壳及配件清单　　　　　　　　单位:mm

组装顺序	类　型	名　　称	规格(型号)	位号	数量/个	备　　注
40		电池片	正、负、连体片	3 件	各 1	—
41		前盖	—	—	1	—
42		开关按钮	(有缺口)	SCAN 键	1	S2
43		开关按钮	(无缺口)	RESET 键	1	S1 不能装反
44		电位器旋钮	(内、外)	—	各 1	—
45		电位器螺钉	$\Phi 1.6 \times 5$	—	1	固定电位器旋钮
46	外壳及配件	后盖	—	—	1	—
47		自攻螺钉	$\Phi 2 \times 8$	—	2	两边螺钉,固定后盖
48		挂勾	—	—	1	—
49		自攻螺钉	$\Phi 2 \times 5$	—	1	固定挂勾
50		7 号电池	—	—	2	—
51		电池盖	—	—	1	—
52		耳机	$32 \Omega \times 2$	EJ	1	也当天线用
53		基板(PCB 板)	55×25	—	1	—

各贴片元件的实物,见图 8.4.4。该图与表是一一对应的,即也是按组装顺序把配件从左到右,再从上至下摆放的。

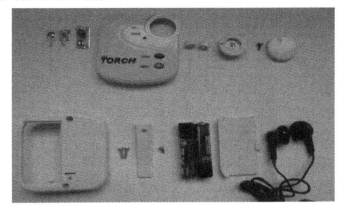

图 8.4.4　FM 收音机外壳及配件实物

2. 基板检查

PCB 板检查可对照图 8.4.5 检查。检查项目如下所述。

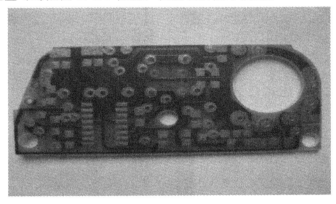

图 8.4.5　PCB 板的反面(贴装面)

(1) 焊点的长方形是否完整,是否短路(桥接现象)。

(2) 铜箔导线是否断路。

(3) 插件的孔位是否偏离焊点。

3. 刷锡

刷锡流程如图 8.4.6(a)～(h)所示。

在操作时应注意以下几点。

(1) 锡膏的存储方式:放在冰箱内,存储温度为 5～10 ℃。

(2) 锡膏在使用前必须放在室温下回温,2 h 后方可使用。

(3) PCB 板与模板网孔必须对齐,以免印刷偏位。

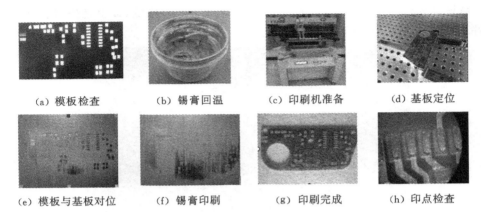

| (a) 模板检查 | (b) 锡膏回温 | (c) 印刷机准备 | (d) 基板定位 |

| (e) 模板与基板对位 | (f) 锡膏印刷 | (g) 印刷完成 | (h) 印点检查 |

图 8.4.6　刷锡流程

（4）PCB 板与模板之间要有 0.5～1 mm 的间距。

（5）加锡膏时不可放入太多的锡膏，锡膏在模板上的厚度为 1.5～2 cm。

（6）模板印刷的美好度：保证网孔上面没有残留的锡膏。

（7）锡膏检查：印刷后的锡膏，在焊点上不可有短路、偏位、少锡等不良现象。

4. 贴片

FM 收音机贴片顺序如表 8.4.1 所示。贴片元件在 PCB 板上的位置（常称位号或工位）一定不能贴错，实际贴片时务必按照附录 B 提供的 FM 收音机元件安装位置图进行。

贴片时，应先手动粘贴片式电阻、电容等，然后粘贴 SOP、QFP、BGA 等芯片，如图 8.4.7 所示。

（a）设备：真空贴片器

（b）设备：高精度视屏贴片机

图 8.4.7　手动贴片

注意：

（1）元件贴装须注意位置是否与图纸相对应。

（2）SOP、QFP、BGA 等 IC 芯片须注意指向标识（第 1 引线位置）。

（3）贴装时，要向下轻压芯片。防止芯片因浮在焊膏上，回流焊时出现立碑，偏位现象。

元件贴装后的效果如图 8.4.8 所示。

图 8.4.8　元件贴装后的效果图

5. 焊接

图 8.4.9 所示的为热风对流回流焊机的原理图。

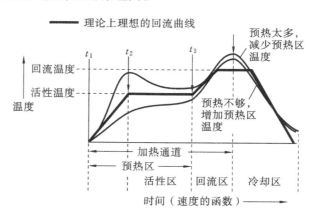

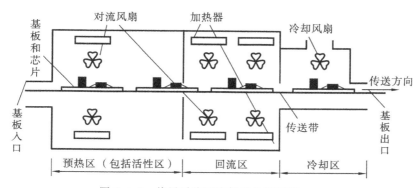

图 8.4.9　热风对流回流焊机的原理图

　　基板随着传送带的滚动,依次通过 3 个温区,即预热区、回流区、冷却区,完成焊接,全程需 3～4 min。图 8.4.10 所示的是焊接(回流焊)后的效果。

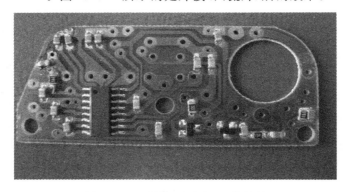

图 8.4.10　焊接(回流焊)后的效果

　　焊接质量检查。用万用表检查焊接质量,不能有虚焊、漏焊以及桥接、立碑现象。常见 SMT 焊接缺陷如图 8.4.11 所示。

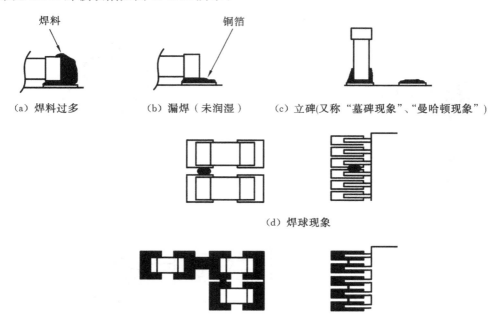

图 8.4.11　常见 SMT 焊接缺陷

6. THT 元件插装

　　THT 元件的插装顺序以及插装元件在 PCB 板上的位置(常称位号或工位)一定

不能插装错，实际插装时务必按照附录 B 中 FM 收音机元件安装位置图中的插装元件的位置图进行。

图 8.4.12 所示的是插装焊接(用烙铁)后的效果。

图 8.4.12　插装焊接(用烙铁)后的效果

注意：

(1) 焊接电位器 RP 时应注意电位器与 PCB 平面板平齐。

(2) 耳机插座 XS 应注意中间的两脚也要插入 PCB 板的孔穴内。

(3) 轻触开关 S1、S2，跨接线 J1、J2(可用剪下的元件引线)。

(4) 变容二极管 VD1 应注意极性方向标记，其极性如图 8.4.13(c)所示。

(5) 安装电感线圈时，L1 用磁环电感，L2 用色环电感，L3 用 8 匝空芯线圈，L4 用 5 匝空芯线圈。

(6) 电解电容 C18(100 μF)贴着 PCB 板安装。

(7) 发光二极管 LED(VD2)，注意高度是 11 mm，极性如图 8.4.13(a)、(b)所示。

(a) LED 的安装图　　　　(b) LED 的极性图　　　　(c) VD1 的极性图

图 8.4.13　二极管及 LED 的极性辨别

(8) 焊接电源连接线 J3、J4 时，注意正(红)负(黄)连线颜色。

7．调试、总装、交验

1）调试

（1）目视检查。所有元器件焊接完成后应目视检查。检查元件、型号、规格、数量及安装位置、方向是否与图纸符合。检查焊点有无虚、漏、桥接、飞溅等缺陷。

（2）测总电流。测总电流的步骤如下所述。

① 检查无误后将电源线焊到电池片上。

② 在电位器开关断开的状态下装入电池。

表笔
+
－

图 8.4.14　万用表跨接测电流

③ 插入耳机。

④ 用万用表 200 mA（数字表）或 50 mA 挡（指针表）跨接在开关两端测电流（见图 8.4.14），用指针表时注意表笔极性。（不插入耳机的场合，工作电压 3 V 时，工作电流约为 5 mA。）

正常电流应为 7～30 mA（与电源电压有关）并且 LED 正常点亮。表 8.4.4 是样机检测结果，可供参考。

表 8.4.4　样机检测结果

工作电压/V	1.8	2	2.5	3	3.2
工作电流/mA	8	11	17	24	28

注意：如果电流为零或超过 35 mA 应检查电路。

（3）搜索电台广播。如果电流在正常范围，可按 S1 搜索电台广播。只要元器件质量完好、安装正确、焊接可靠，不用调任何部分即可收到电台广播。

如果收不到广播应仔细检查电路，特别应检查有无错装、虚焊、漏焊等缺陷。详细请参看附录 C 常见故障、原因及修正一节。

（4）调接收频段。我国调频广播的频率范围为 87～108 MHz，调试时可找一个当地频率最低的 FM 电台（例如在武汉，武汉交通台为 89.6 MHz）。适当改变 L4 的匝间距，使按过 RESET（S1）键后第一次按 SCAN（S2）键可收到这个电台。由于 SC1088 集成度高，如果元件一致性较好，一般收到低端电台后均可覆盖 FM 频段，故可不调高端而仅做检查（可用一个成品 FM 收音机对照检查）。

（5）调灵敏度。本机灵敏度由电路及元件决定，调好覆盖后即可正常收听。无线电爱好者可在收听频段中间电台（如 97.4 MHz 音乐台）时适当调整 L4 匝距，使灵敏度最高（耳机监听音量最大），不过实际效果不明显。

2）总装

（1）蜡封线圈。调试完成后将适量泡沫塑料填入线圈 L4（注意不要改变线圈形状及匝距），滴入适量蜡使线圈固定。

（2）固定 PCB 板，装外壳。

① 将外壳前盖平放到桌面上，内面朝上。

② 将 2 个按键帽放入前盖的孔内，内面朝上。

注意：SCAN（S2）键帽上有缺口，放键帽时要对准机壳上的凸起外（即放在靠近耳机插座这边的按键孔内），RESET 键帽上无缺口（即放在靠近 R4 这边的按键孔内）。

③ 将 PCB 板对准位置放入壳内，操作时应注意以下几点。

a. 注意对准 LED 位置，若有偏差可轻轻掰动，偏差过大则必须重焊。

b. 注意三个孔与外壳螺柱的配合，如图 8.4.15 所示。

c. 注意电源线，不妨碍机壳装配。

④ 装电位器旋钮时，应注意旋钮上凹点位置。

⑤ 装后盖，安装两边的两个螺钉。

⑥ 装挂勾。

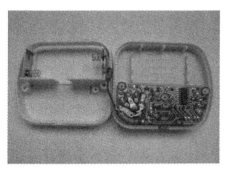

图 8.4.15　孔与螺柱的配合

3）交验

总装完毕后，可装入电池，插入耳机进行检查，效果应达到以下几点。

（1）电源开关手感良好。

（2）音量正常可调。

（3）收听正常。

（4）表面无损伤。

8. 迷你 FM 收音机总装完毕效果图

迷你 FM 收音机总装完毕后的效果图如图 8.4.16 和图 8.4.17 所示。

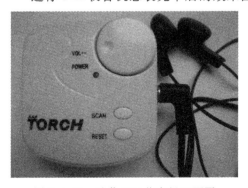

图 8.4.16　迷你 FM 收音机正面图

图 8.4.17　迷你 FM 收音机反面图

【思考与习题】

1. 迷你型 FM 收音机的实训目的是什么？

2. 迷你型 FM 收音机的实训流程是怎样的？

3. 为什么清点贴片元件的同时，元件要按组装顺序摆放？

4. 锡膏在使用前必须放在室温下回温多长时间？

5. 元件的位号或工位是指什么？

6. 检查焊接质量主要有哪几方面的内容？

附录 A FM 收音机的电路原理

FM 收音机电路的核心是单片收音机集成电路 SC1088。它采用特殊的低中频（70 kHz）技术，外围电路省去了中频变压器和陶瓷滤波器，使电路简单可靠，调试方便。SC1088 引脚功能如表 A.1 所示，图 A.1 是电路原理图。

表 A.1 FM 收音机集成电路 SC1088 引脚功能

引脚	功能	引脚	功 能	引脚	功 能	引脚	功 能
1	静噪输出	5	本振调谐回路	9	IF 输入	13	限幅器失调电压电容
2	音频输出	6	IF 反馈	10	IF 限幅放大器的低通电容器	14	接地
3	AF 环路滤波	7	1 dB 放大器的低通电容器	11	射频信号输入	15	全通滤波电容搜索调谐输入
4	VCC	8	IF 输出	12	射频信号输入	16	电调谐 AFC 输出

1. FM 信号输入

如图 A.1 所示调频信号由耳机线馈入经 C14、C15 和 L3 的输入电路进入 IC 的 11、12 脚混频电路。此处的 FM 信号为没有调谐的调频信号，即所有调频电台信号均可进入。

2. 本振调谐电路

本振电路中的关键元器件是变容二极管，它是利用 PN 结的结电容与偏压有关的特性制成的"可变电容"。

如图 A.2(a) 所示，变容二极管加反向电压 U_d，其结电容 C_d 与 U_d 的特性如图 A.2(b) 所示的非线性关系。这种电压控制的可变电容广泛应用于电调谐、扫频等电路。

本电路中，控制变容二极管 VD1 的电压由 IC 第 16 脚给出。当按下扫描开关 S1 时，IC 内部的 RS 触发器打开恒流源，由 16 脚向电容 C9 充电，C9 两端电压不断上升，VD1 电容量不断变化，由 VD1、C8、L4 构成的本振电路的频率不断变化而进行调谐。当收到电台信号后，信号检测电路使 IC 内的 RS 触发器翻转，恒流源停止对 C9 充电，同时在 AFC（Automatic Frequency Control）电路作用下，锁住所接收的广

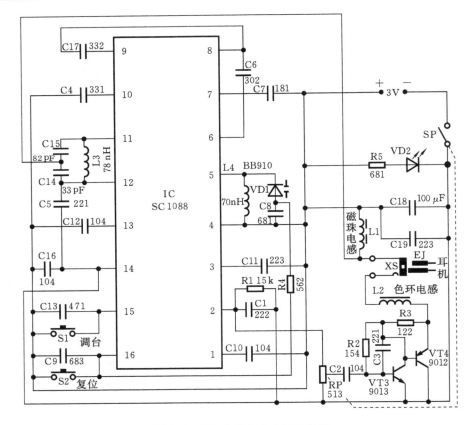

图 A.1　FM 收音机的电路原理图

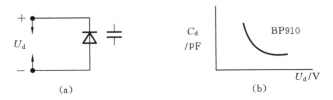

图 A.2　变容二极管

播节目频率,从而可以稳定接收电台广播,直到再次按下 S1 开始新的搜索。当按下 Reset 开关 S2 时,电容 C9 放电,本振频率回到最低端。

3. 中频放大、限幅与鉴频

电路的中频放大、限幅及鉴频电路的有源器件及电阻均在 IC 内。FM 广播信号和本振电路信号在 IC 内混频器中混频产生 70 kHz 的中频信号,经内部 1 dB 放大器、中频限幅器,送到鉴频器检出音频信号,经内部环路滤波后由 2 脚输出音频信号。电路中 1 脚的 C10 为静噪电容,3 脚的 C11 为 AF(音频)环路滤波电容,6 脚的 C6 为中频反馈电容,7 脚的 C7 为低通电容,8 脚与 9 脚之间的电容 C17 为中频耦合电容,10 脚的 C4 为限幅器的低通电容,13 脚的 C12 为中限幅器失调电压电容,C13 为滤波电容。

4. 耳机放大电路

由于用耳机收听,所需功率很小,本机采用简单的晶体管放大电路,2 脚输出的音频信号经电位器 RP 调节电量后,由 VT3、VT4 组成复合管甲类放大电路。R1 和 C1 组成音频输出负载,线圈 L1 和 L2 为射频与音频隔离线圈。这种电路耗电大小与有关广播信号以及音量大小关系不大,因此不收听时应断开电源。

附录 B　FM 收音机的元件安装位置图

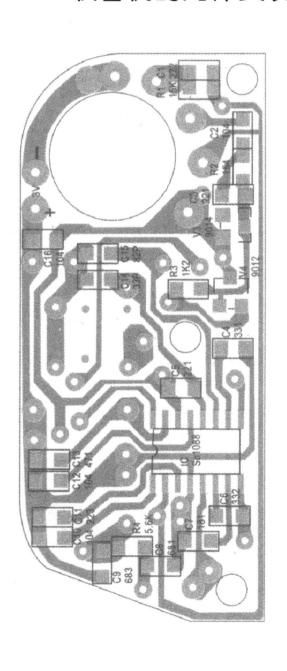

B-1　贴装元件的位置图

序号 1-C1

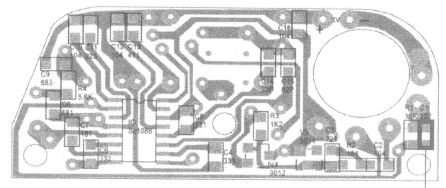

位号：C1　名称：贴片电容　规格：222

序号 2-R1

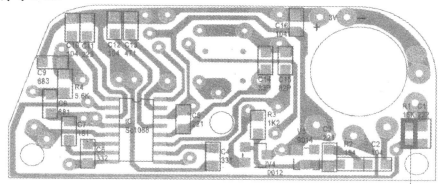

位号：R1　名称：贴片电阻　规格：153

序号 3-C2

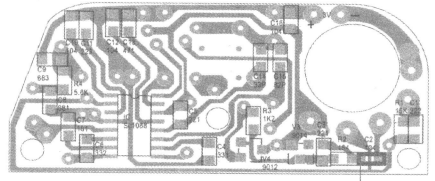

位号：C2　名称：贴片电容　规格：104

序号 4-R2

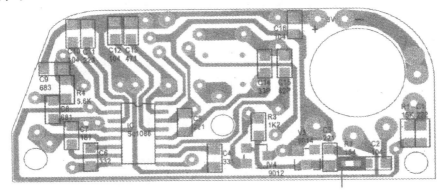

位号：R2　名称：贴片电阻　规格：154

序号 5-C3

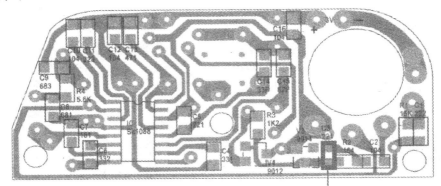

位号：C3　名称：贴片电容　规格：221

序号 6-V3

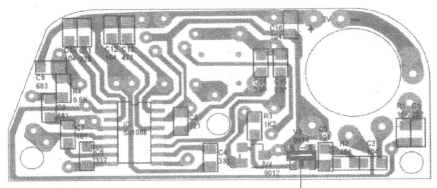

位号：V3　名称：贴片三极管　规格：9014

序号 7-C4

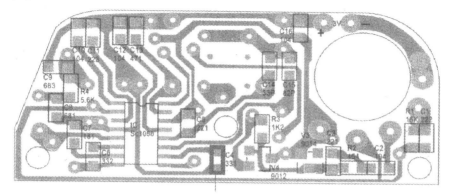

位号:C4　名称:贴片电容　规格:331

序号 8-V4

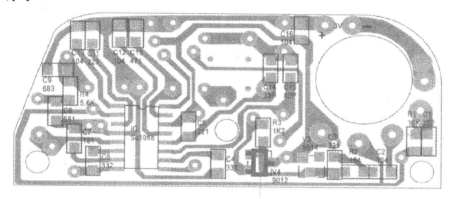

位号:V4　名称:贴片三极管　规格:9012

序号 9-C5

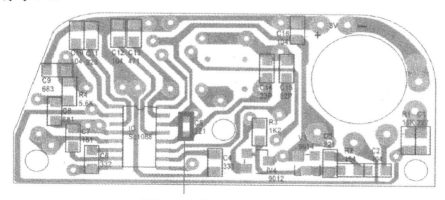

位号:C5　名称:贴片电容　规格:221

序号 10-R3

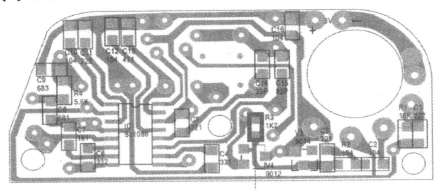

位号:R3　名称:贴片电阻　规格:122

序号 11-C6

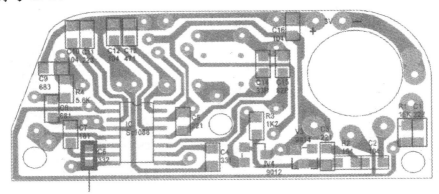

位号:C6　名称:贴片电容　规格:332

序号 12-IC

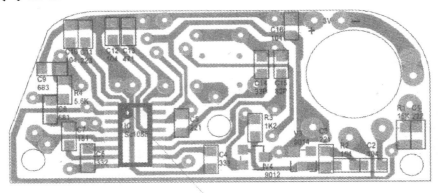

位号:IC　名称:贴片集成块　型号:SC1088　　注意第 1 引线方向

序号 13-C7

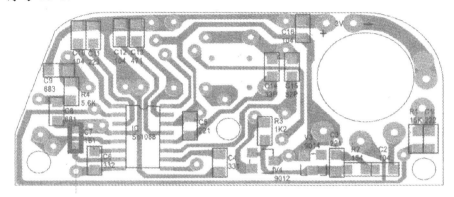

位号:C7　名称:贴片电容　规格:181

序号 14-C8

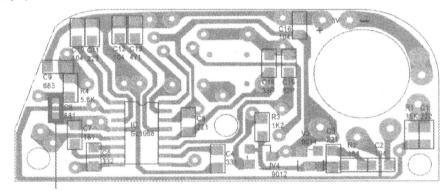

位号:C8　名称:贴片电容　规格:681

序号 15-R4

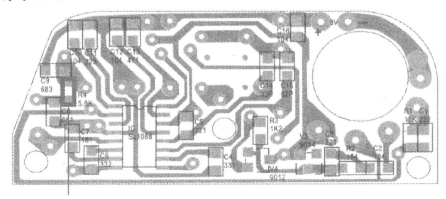

位号:R4　名称:贴片电阻　规格:562

序号 16-C9

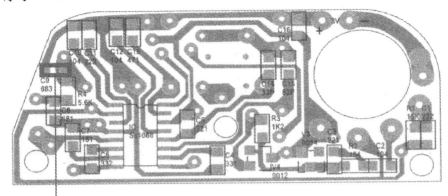

位号:C9　名称:贴片电容　规格:683

序号 17-C10

位号:C10　名称:贴片电容　规格:104

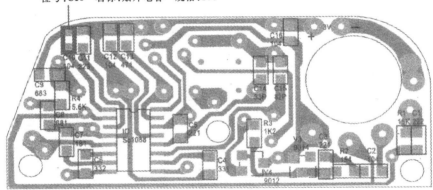

序号 18-C11

位号:C11　名称:贴片电容　规格:223

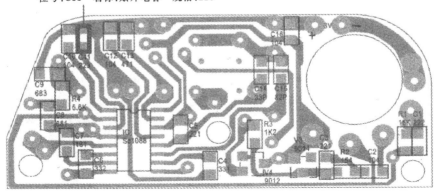

序号 19-C12

位号:C12　名称:贴片电容　规格:104

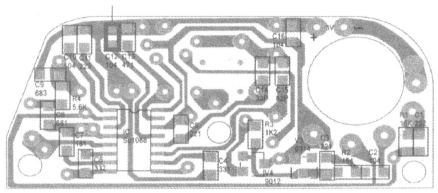

序号 20-C13

位号:C13　名称:贴片电容　规格:471

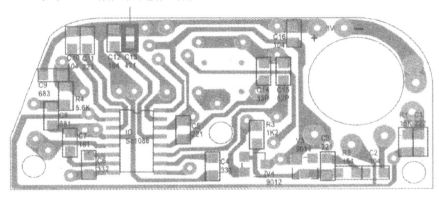

序号 21-C14

位号:C14　名称:贴片电容　规格:33

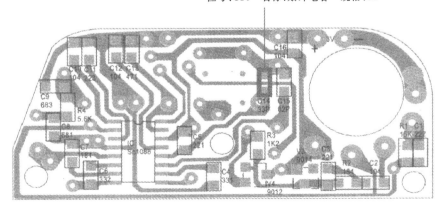

序号 22-C15

位号:C15　名称:贴片电容　规格:82

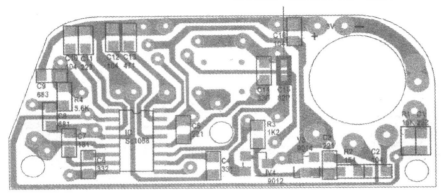

序号 23-C16

位号:C16　名称:贴片电容　规格:104

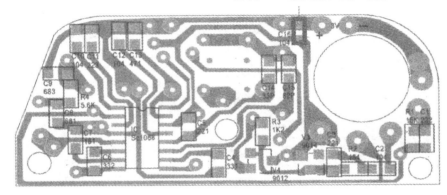

B-2　插装元件的位置图

插件位置与插件实体对应图（正面）

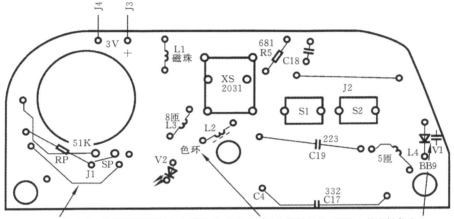

注意：J1,J2 可利用剪下的电阻引线；色环电感 L2 是绿色的；BB910 的＋极朝上

序号 24-RP　电位器（背面焊接图）

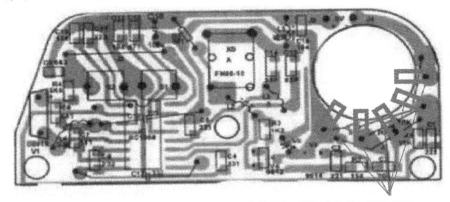

位号：RP　名称：电位器　规格：51K

序号 25-XS　耳机插座（背面焊接图）

脚插入中孔。孔窄可用镊子扩孔。　位号：XS 名称：耳机插座

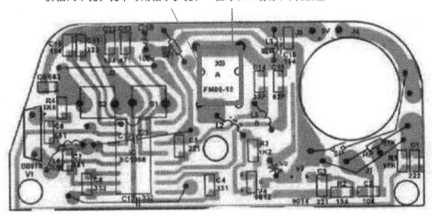

附录 C 常见故障、原因及修正

常见故障、原因及修正如表 C.1 所示。

表 C.1 常见故障、原因及修正

故障编号	故障现象	故障原因	故障修正	备注
001	发光二极管点不亮	1. 电池接触不良 2. 发光二极管的正负极安装反 3. 发光二极管损坏	1. 装好电池 2. 正负极重新正确安装 3. 更换发光二极管	可能性大的故障原因
002	发光二极管点亮,但无电流声,搜索不到电台	1. 耳机坏 2. 集成芯片 SC1088 倒装,第 1 引脚位置不对 3. 绿色色环电感损坏 4. 三极管管脚虚焊	1. 更换耳机 2. 用热风补修机校正集成芯片 SC1088 位置 3. 更换绿色色环电感 4. 重焊三极管管脚	可能性大的故障原因
003	发光二极管点亮,有小电流声,搜索不到电台	1. 两个贴装芯片之间短路(常见 C10 和 C11,C12 和 C13) 2. 集成芯片 SC1088 的引线之间因焊锡桥接短路	1. 用热风补修机补正 2. 用热风补修机将引线之间焊锡熔化,同时使用细导线挑除	可能性大的故障原因
004	发光二极管点亮,有大电流声,搜索不到电台	1. 5 圈与 8 圈电感错位安装 2. 变容二极管 BB910 的正负极安装反	1. 5 圈与 8 圈电感重新正确安装 2. 更换变容变容二极管	可能性大的故障原因
005	发光二极管点亮,电台声时有时无,手摸 5 圈电感有较大的电台声	元件虚焊,接触不良	1. 用万用表仔细检查元件,检出虚焊点,用热风补修机补正 2. 把上翘的芯片压下 3. 把歪斜的芯片补锡	可能性大的故障原因
006	发光二极管点亮,电台声很小	1. 电解电容 C18 损坏 2. 插件电容 C17(332)、C19(223)相互错位安装	1. 更换电解电容 2. 正确位置安装 C17 和 C19	可能性大的故障原因

参 考 文 献

[1] 廖爽.电子技术工艺基础[M].北京:电子工业出版社,2002.

[2] 康华光.电子技术基础实验[M].北京:高等教育出版社,1999.

[3] 邓木生.电子技能训练[M].北京:机械工业出版社,2006.

[4] 胡伟轩,周鑫霞.电子技术[M].武汉:华中理工大学出版社,1997.

[5] 何丽梅.SMT-表面组装技术[M].北京:机械工业出版社,2008.

[6] 同志科技.TORCH标准贴片收音机(实习套件).北京:北京中科同志科技
有限公司,2010.